改訂版 統計のはなし

●基礎・応用・娯楽

大村 平 著

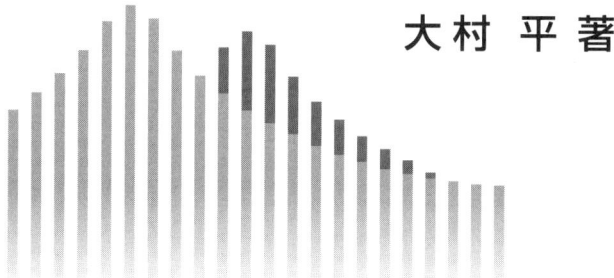

日科技連

まえがき

　統計学の必要性を，私がいまさら申し上げることはないようです．必要を感じたからこそ，この本を手にとっていただいたのでしょうから．

　統計学は，むつかしい学問だと，私も思っています．統計学に使われるたくさんの手法をすみずみまで理解するには，かなり高度の数学力と，形而上学的な思考とが要求されます．けれども，統計学の必要を感じている方々の大部分は，統計数学者を志しているのではありません．品質管理の実務に参加したり，実験の結果をまとめたり，あるいは，統計を使って書かれた報告書に目を通したりするための素養として，統計学で使われる'考え方'と，ごく基礎的ないくつかの手法を知っておきたいと，希望しているのだと思います．あるいは，はっきりした目的があるのではなく，統計という言葉をよく耳にもし，それで煙に巻かれたこともあるけれど，統計とはいったい何だろう，という程度の興味の方も少なくないかもしれません．

　そのような方が気軽に読むには，統計のふつうの参考書はむつかしすぎます．説明が数学の言葉で書かれているからです．統計を書くほうにとっては，数学の言葉で書くのが，いちばん正確に表現もできるし，それに，らくなのですが，読むほうにとってはたいへんです．内容がむつかしいうえに，説明の言葉がむつかしいのですから，たまったものではありません．外国語で哲学の講義を聞くようなものです．

そこで，せめて言葉だけでもやさしく「統計のはなし」をしてみようと思いたちました．たとえ言葉はやさしくても，統計の考え方だけは正しくお伝えしなくてはなりません．これは多分，かなりむつかしい仕事でしょうが，やってみようと思います．そのためには，ピントを‘統計の考え方’に合わせるつもりです．手法の説明は，どうしても多少はぎせいになりますが，考え方さえ理解してしまえば，手法をこなすのは，さしてむつかしくありません．内容を欲張って，結局は何もわからなかった，ということのないよう，注意するつもりです．

これからの社会人にとって，統計学の基礎的な考え方が，たし算やひき算と同じ程度に必須の素養であることは，ぜったい，まちがいありません．統計の知識を身につけるきっかけとして，この本をお役にたてていただければ幸いです．1年ほど前に『確率のはなし』を書きました．統計の基礎は確率なので，それも合わせて読んでいただければ，もっと幸いです．

　昭和 44 年 2 月

　この本が出版されてから，もう，30 余年が経ちました．そして，思いもかけないほど多くの方々にこの本を読んでいただいたことを，心から嬉しく思います．ところが，その間に社会環境や各種の統計値が変化したため，文中の記述に不自然な箇所が目につくようになってきました．そこで，そのような部分だけを改訂させていただきました．今後とも，さらに多くの方のお役に立てれば，これに過ぎる喜びはありません．

　平成 13 年 12 月

大　村　　平

目　　　次

まえがき ……………………………………………… iii

基 礎 編

1 統 計 と 人 生 …………………………… 3
　　　カズ，カズ，カズの世の中じゃ　3
　　　数字は魔もの　5
　　　記述統計学と推測統計学　8
　　　企業と統計　13

2 数字のグループを取り扱う …………………… 15
　　　数字のグループの代表は　15
　　　いろいろな代表値　22
　　　ばらつきの大きさ　26
　　　標準偏差とは　29
　　　標準偏差のらくな計算法　35

3 ばらつきのスタイル …………………… 40
　　　ヒストグラムを描こう　40
　　　クラスの数はいくつが適当か　45

目次

パレート解析　*47*

無限を対象としたヒストグラム　*50*

離散型と連続型　*56*

4 ばらつきの法則——正規分布のはなし………… *61*

正規分布はよい分布　*61*

正規分布を基準化する　*65*

気の毒なのっぽ氏は何パーセントか　*70*

不良率を最小にするには　*72*

女性が大きいペアのパーセント　*77*

二項分布を正規分布で近似する　*81*

蛇の足を描く　*85*

5 見本で全体を推定する
——その1．標準偏差がわかっているとき………… *88*

見本で全体を推定するのが推計学　*88*

1つの見本で何がわかるか　*92*

2つの見本で何がわかるか　*97*

n個の見本で何がわかるか　*100*

6 見本で全体を推定する
——その2．標準偏差がわかっていないとき………… *105*

平均値が推定できないわけは　*105*

標準偏差を推定する　*110*

標準偏差を推定する簡単な方法　*113*

t分布をご紹介　*116*

ついに神様に近づいた　*120*

自由度とは　*124*

7 能力を判定する ── 検定のはなし　127

香水の匂いはかぎ分けられるか　*127*

10回中8回正解なら　*131*

'あわてもの'と'ぼんやりもの'　*135*

ジャンケンの実力を検定する　*137*

量目のごまかしを見つける　*141*

量目は少なめに決まっているなら　*143*

右ききは右手が大きい　*146*

応 用 編

8 実験は楽しく有効に　153

クイズを進呈　*153*

くふうのない実験　*158*

実験のやり方をくふうすると　*162*

実験をせずに結果を知る　*165*

実験計画法へのお誘い　*171*

9 故 障 と 寿 命　175

死亡率　*175*

人間にも自動車にも3つの期間がある　*178*

部品の交換はいつするべきか　*181*

ワイブル分布　*186*

指数分布とMTBF　*190*

⑩ ぺてんにかかりそうな統計 195

ガベージ・イン・ガベージ・アウト　*195*

教育ママと赤ちゃん　*200*

統計を使った詐欺　*204*

統計は刃物　*206*

⑪ 統計の大学院 209

食い違いの大きさを表わす　*209*

χ^2検定　*214*

いろいろな自由度のχ^2分布　*218*

ばらつきの違いを表わす　*221*

F検定　*225*

書き残してしまったこと　*229*

娯 楽 編

⑫ パチンコの統計 235

生データ　*235*

どう整理するか　*238*

曜日によって差があるか　*243*

店によって差があるか　*248*

⑬ 野球の統計 251

ヤクルトは近鉄より強いか　*251*

パ・リーグの各チームに実力差はあるか　*254*

阪神は広島のお客さん　*257*

東大はやはり弱い　*262*

14 競馬の統計 … *265*

188レースのデータ　*265*

8番人気のあぶない誘惑　*268*

一括買いのすすめ　*272*

1〜5番人気には片足だけ乗せよう　*276*

クイズの答 … *281*

付　　　表 … *285*

付表1　正規分布表　*285*

付表2　t 分布表　*286*

付表3　χ^2 分布表　*287*

付　　　録 … *288*

標準偏差は n で割るのか $n-1$ で割るのか　*288*

基礎編

思想は風，知識は帆，そして人間は船 　　　── ヘーヤ

数字は風，統計は帆，そして判断は船 　　　── H・O

1 統 計 と 人 生

カズ，カズ，カズの世の中じゃ

　人生には，つぎからつぎへと，いろいろなことが起こります．まったくいろいろあらーな，です．いろいろなことは，別に，人生にばかり起こるわけではありません．とんぼにとっても，ロンドン塔にとっても，ガンジス川にとっても同じことです．けれども，'いろいろ'の受けとめ方は，ひょっとすると人間の思い上りかもしれませんが，人間ととんぼとロンドン塔とでは，ずいぶん質的に差があるように思われます．思い上りついでに，もう少し言わせてもらえば，同じ人間でも，先進国に住む私達と，昔むかしの人達とでは，'いろいろ'の受けとめ方にかなりの差があるように思われます．

　その差は，いろいろな形で現われてきますが，第1に気がつくことは，私達のほうがすべてに定量的だということです．その証拠に，私達は実に気安く数字を使います．「お月さまが円くなった夜，潮が

一ぱいに満ちた頃，あのやしの木かげでお逢いしましょう」という代りに，私達は「10月10日の夜7時30分に，銀座2丁目の四つ角で……」と約束します．「仕事をなまけてると，豚のももを食わせないぞ」の代りに，「1カ月に3回以上遅刻すると，遅刻1回につき月給の1/60を差し引くぞ」とおどかされます．

　私達は，数字にぎっしりと取り巻かれて生活しています．「今月の売上げは126,345,000円だから先月に比して18.7％の伸び」というような資料を作って，いい気持ちで帰宅すると，「今月は6,530円の赤字だわ，なにしろ豚肉100グラムが200円もするんですから……」ときます．ちっ，と舌うちしてビールの栓を抜くと，このビールがまた，1本337円で，そのうち40％以上が税金だ，ときたもんです．

　しかし，数字の氾濫は，こんななまやさしいものではありません．一歩，家を出て，バス停までくると時刻表に数字がぎっしり，お金をとり出せば10の文字がくっきり，駅で定期券を出すとでっかい数字がはっきり，オフィスの机に向かえば細かい数字がびっしり……．コンピュータが吐き出す数字の流れをごらんになったことがありますか．じょろじょろと吐き出されてくる用紙にプリントされた大量の数字がぜんぶ意味をもっているのです．工場のエンジニヤは，ばっちりと数字の並んだ数表を片手に電卓を叩きます．そして新しくエンジニヤの手で生まれた数字も，きっと，重要な意味をもっているのでしょう．数，数，数，数……．あっちをむいても，こっちをむいても，数，数です．「カネ，カネ，カネの世の中じゃ」という近松門左衛門のせりふを借りれば，

　　カズ，カズ，カズの世の中じゃ
ということになります．

1 統計と人生

カズ, カズ, カズの世の中じゃ

　私達は、もう数字なしで生きていくことはできません。数字は私達の人生の一部です。

数字は魔もの

　数字は、魔ものです。「お月さまが円くなった夜、潮が一ぱいに満ちた頃……」では、どちらかが長く待たされたり、うっかりすると、1日ずれてしまい、すれ違いのメロドラマに進展したデートも、「7時30分」と約束すれば、いいタイミングで出会うことができるようになりました。ビール1本140円の税金も、つもりつもってぼう大な国家予算となり、9年間の教育と、老人へのささやかな年金を保証する計画も立てられるようになりました。数字はもともと、私達の考えや

言葉をより正確に,そして普遍的にするために,人間によって作り出されたものですが,十分にその役目を果たしているということができるでしょう.

しかしながら,数字の持つ魔性は,ときとして私達の目をくらませます.何やらたくさんの数字が並べてあって,それだから来月は12.3％の生産増にしたいと結論してある生産計画に,気むつかしい部長も何となく信用できそうな気がして,ぽんと印を押します.もともと1,000円の商品に,わざわざ2,000円の正札をつけ,ごていねいにそれを2本の線で消して,赤字で「特価1,000円」と書いておくと,うっかりさんの奥さんも,ちゃっかり氏の奥さんも,喜んでそれを買っていきます.

私達をとり巻いているたくさんの数字の中には,まことにすなおでたちのよい正直者もいるのですが,その反面,うそつきも少なくありません.「特価1,000円」のようなさぎ師は論外にしても,心ならずも少しばかりうそをついてしまう小悪党ならざらにいます.たとえば,「100グラム200円」はどうでしょうか.200円のほうは正直者です.とにかく,100グラムを買うと200円を支払うのですから…….しかし,100グラムのほうは,そうともかぎりません.

ベニスの商人のシャイロックは,アントニオの胸から,3,000ダカットの借金のかたに,1ポンドの肉を切りとることを許されました.しかし,花も実もある裁判官から「約束は1ポンドの肉だけである.1滴の血もたらしてはならない」と申し渡され,歯ぎしりしてくやしがったのでした.もし,数字に明るい裁判官だったら,「約束は1ポンドの肉である.1ポンドより,たとえ,1万分の1ポンド多すぎても少なすぎてもいけない」と申し渡してもよかったはずだと思います.

1 統計と人生

1ポンドきっかりの肉を切りとることは
できない

　どんなに腕のよい肉屋さんでも，100グラムきっかりに豚肉を切りとることはできません．つまり，100グラムという数字には厳密にいえば多かれ少なかれうそが含まれていることになります．こういう程度のうそには，私達はなれっこになっています．バスが時刻表より30秒遅れても，もんくをいう人はあまりいません．この程度のうそは社会通念として許されると，暗黙のうちに了解しているからです．

　けれども，数字のうそはこんなにたあいのないものばかりではありません．もっと，どぎついうそ，あくどいうそがごまんとあります．しかも，やっかいなことに，このうそがなかなか見抜けないのです．なにしろ，使っている本人さえ，そのうそに気がついていないことが多いのですから……．

数字のうそは，多くの場合，変動する可能性のある数字につきまといます．10円は10円，100円は100円で，誰が何といっても変わりません．こういう確定的な数字には，「特価1,000円」のような細工をしないかぎり，うそが含まれないのがふつうです．しかし，豚肉100グラムのように，99.5グラムであったり101グラムであったりして変動する数字には，多かれ少なかれうそが含まれるのがふつうです．「日本の成年男子の平均身長は170cm」とか，「世論調査によれば某政党の支持率は45％」とか，「この製品の寿命は7年」とかの数字には，必ず，多少のうそが含まれています．そして，問題なのは，そのうそが許容できる程度であるか，どうか，です．

こういううそを見抜き，それが許される程度であるかどうかを判断するには統計の知識が必要です．統計は，変動する数字についての学問です．

記述統計学と推測統計学

数字のうそを見抜くには，統計の知識がぜひ必要です．しかし，もともと，統計は数字のうそを見抜くために発達したわけではありませんし，ましてや，たくみに数字のうそをつくために進歩したのではありません．ずっと昔のことですが，社会の機構が複雑になるにつれて，為政者が国全体の状態を上手にはあくすることが必要になってきました．何しろ，自分の国に何人の人が住んでおり，どのくらいの農作物が作り出されているかさえ，はあくできないようでは，政治も，へったくれも，あったものではないのですから……．

古代のエジプトや中国にも，すでにその芽生えはあったといわれて

1 統計と人生

いますが,ギリシアやローマの時代になると,そういうわけで,国家(state)の状態(state)を調べることに関心が向けられるようになり,国家の状態を調べることをstatisticsというようになりました.いま,統計学のことを英語でstatisticsといいますが,語源は古くローマ時代にさかのぼるわけです.

主として政治上の必要性から,人口や宗教や産業についてたくさんのデータを集めるという形でスタートした統計学は,17世紀ごろになるとドイツを中心とした観念的な国勢学に移行していくのですが,それと時を同じくしてイギリスでは政治算術という形で計量的な統計学を進歩させていました.当時,イギリスでは,数回にわたってペストが流行し,とくに,1665年にはロンドンに大流行して死亡者が続出し,ロンドン子をふるえ上がらせていました.このため,ロンドン市民は死亡とか出生とかの数字に重大な関心を持つようになり,ついでに,人口とか経済などの多くの数字に対する関心が高まっていたもののようです.そして,後世に名を残している何人かの統計学者が現われ,ペストや戦争が人口や性別の比率にどのような影響を及ぼすかを調べたり,人口の推移や死亡率に関するいくつかの論文が著わされたりしました.

これらの論文は,いずれも,大量に事実を観察し,大量の数字を集めて,その数字を整理して何らかの結論を導いているところに特徴があります.大量に事実を調べて大量の値を集め,それらを整理するのも,一つの技術です.どうしたらうその少ない値を大量に集めることができるか,また,集めた大量の数字をどのように整理しておけば役に立つかを研究するのも統計学の重要な一面です.17世紀から現在までの間に,こういう技術は非常によく発達し,先進国ではその技術

が十分に活用されています．一部の発展途上国では，国の産業の状態はおろか，人口さえもあまりよくわからない国もあるようですが，日本は，世界でもっとも，国の統計資料が整っているグループに属しています．ついでですから，日本の社会に関するおもな統計資料がどこで作られているかを書いてみますと，ほんの一部だけでも

人口・就業	総務省
出生・死亡	厚生労働省
商業・貿易	財務省・経済産業省
工業	経済産業省
農業	農林水産省
国民経済	総務省

などがあります．これらは月報や年報として定期的に刊行されていますが，このほか，官公庁や民間のものまで含めると，よくもまあ，これだけたくさんのことを調べあげたものだ，と驚くぐらいよく整理されています．

このように，大量の事実を調べ，数字にして整理する統計学の一面は**記述統計学**と呼ばれます．これに対して，統計学のもう一つの重要な一面は**推測統計学**，略して**推計学**です．

出生や死亡のデータは，とにかく，そういう事実があったのですから，あとは根気よく調べてまちがいないように整理すれば，何年何月には何人の赤ちゃんが誕生し，何人の死者が出て，その死亡時の年齢はいくつであったということを統計資料として整理することができます．しかし，私達が調べようとする数字の中には，本質的に全部を調べることができないものも少なくありません．

たとえば，何十個かの花火を打ち上げる計画をたてるとします．観

1 統計と人生

ぜんぶをテストにしまっては
なんにもならない

客の安全を確保するためと，どのくらい華やかかを知るために，花火がどの高さまで上がるかを知りたいのです．それを知るためには，実際に花火を打ち上げて，その高さを測るしか方法がありません．しかし，全部の花火を打ち上げて高さを測ってしまっては，当日の花火大会のときに打ち上げる花火がなくなってしまいます．こんなとき，誰でもやる方法は，何発かの花火を打ち上げてみて，その高さから，残りの花火もそのくらいは上がるだろうと見当をつけることです．

　もう一つの例は，たとえば，日本人の体重を調べることを考えてみましょう．これは，やってできないことではありません．もし，日本人の体重をぜんぶ調べなければ日本民族が滅亡するというなら，役場も学校も警察も消防団も主婦連も，総力をあげて努力して，日本人の1人残らずというのはむりにしても，だいたいの日本人の体重を調べあげることができるでしょう．けれども，そのためのぼう大な人力と時間のロスは，日本民族の滅亡とは関係のないふつうの目的のために

は大きすぎます．こういうときには，一部の日本人の体重を調べて，日本人全体の体重の有様を推察するほうが，ずっとお得です．

　日本人の数は，非常に多い数ですが，それでもとにかく数に限りがあるので，死にものぐるいなら，日本人ぜんぶの体重を調べることも不可能ではありません．しかし，人間は，しまつの悪いことに無限のものごとを考える能力を持っています．ここに1つのサイコロがあるのですが，少し歪んでいて⊡が出る確率は1/6ではないように見えます．⊡の出る確率はいくらでしょうか．こういうとき，私達はつぎのように考えます．⊡の出る確率を

$$\frac{\text{⊡が出た回数}}{\text{サイコロをふった回数}}$$

で表わすことにして，サイコロをふった回数をどんどんどんどん増やしていって，この分数を観察し，とうとうサイコロをふった回数が無限回になってしまったときの，この分数の値を，⊡の出る確率であると考えるのです．ところが，サイコロをふった回数を無限回にする，などというのは，言うはやすく行なうは不可能です．私達は，適当に大きい回数までサイコロをふった結果から，⊡が出る確率はこれこれだと推定してしまわなければなりません．場合によっては，適当な回数の結果から，⊡が出る確率は1/6とはいえない，と判定することが必要かもしれません．

　皆さんのお母さんか奥さんが料理の味見をしているのをごらんになったことがあるでしょう．おなべの中の味噌汁をかきまわし，小皿にちょっとだけとり分けて，もっともらしい顔をして味わい，うちの亭主には，まあこんなところだろう，というしだいです．おなべの中の味噌汁の味は，厳密にいえば，あっちとこっちでは少し違うでしょう

から，味を調べるには，おなべの中の味噌汁をぜんぶ調べるのが本当です．しかし，だからといって，おなべの中の味噌汁をぜんぶ味わってしまったのではなんにもなりません．一部を調べて全体の性質を推察しなければならないのです．

こういう場合，調べたい全体のことを**母集団**といいます．ボシュウダンと読むのです．その母集団の性質を調べるためにとり出したサンプルを**標本**といいます．そして，標本の性質から母集団の性質を推察したり，その推察がどのくらい信頼できるかを議論したりする学問が，推測統計学です．

企業と統計

この本は，日科技連から出版されることになっています．日科技連は，日本の科学技術の振興と産業の発展にこう献することを，存在の目的にしています．近年わが国の科学技術の振興と産業の発展は，まことにめざましいものがあります．その原因は，いろいろあるでしょう．新しい原理原則の発見もあるでしょうし，燃料革命もあるでしょう．自由主義経済下における企業間の競争も，その一因かもしれませんし，日科技連の活躍も重要な原因であると思わせていただきます．けれども，コンピュータの発達と，統計学の進歩・普及も決して見落としてはいけない重要な要因です．

統計的なものの考え方は，まず，品質管理という姿で日本の企業の中にがっちりと根をおろしました．そして，はじめは，工場で作り出される有形の製品を対象として普及し，メイド・イン・ジャパンの名を世界に高からしめた品質管理が，いまでは，事務やセールスやサー

ビスの品質をさえも管理しようとしています.

統計的なものの考え方は,さらに,システムズ・エンジニヤリング,インダストリアル・エンジニヤリング,オペレーションズ・リサーチ,実験計画法,信頼性工学など,たくさんの管理技術の基礎となって,企業の内部に深く静かに浸透しつつあります.

これからの社会人は,技術屋はもちろん,現場の方も,事務をとる方も,セールスマンも,トップの重役から一般の事務員にいたるまで,'統計'を知らなければ,社会人として不十分です.なにも,むつかしい統計数学をいじれる人だけが人間だ,といっているのではありません.統計的なものの見方,ものの考え方ができなければ,それは,社会人としては失格だ,といっているのです.

2 数字のグループを取り扱う

数字のグループの代表は

　数字のうそは，多くの場合，変動する可能性がある数字に含まれる，と前に書きました．こういう'うそ'に強くなるためには，変動する可能性を追求する必要があります．その準備として，変動している数字のグループ，ひらたくいえば，ばらついている数字のグループを取り扱うすべを心得なければなりません．そこで

　　　3, 5, 5, 7, 10

という5個の値のグループについて考えを整理していくことにします．このグループは，3から10までの間でばらついていますが，このグループを1つの値で代表させようとしたら，どういう値を選んだらよいのでしょうか．

　代表値の選び方は，実は，目的によりけりなのです．こうでなければいけない，と決まっているわけではありません．この値が，3歳，

5歳，5歳，7歳，10歳とそれぞれの年齢を表わしていて，5人の子供がいるのだ，としてみましょう．この5人を相手に'お話し'をするのであれば，5歳ぐらいの子を代表と考えて，その程度に'お話し'をするのがよいと思います．そのくらいなら，3歳の子でもある程度は理解してくれるでしょうし，10歳の子も，それほどたいくつはしないでしょう．けれども，もし，この5人の誰が乗ってもこわれないブランコを作るのが目的で代表を選ぶのであれば，10歳を代表としなければなりません．

どれが代表として適当だろうか？

このように，いくつかの値のグループを代表する値を決めるとき，目的によっては，いちばん大きい値や小さい値，ときによっては大きいほうから何番目かの値などを選ぶのが適当な場合も少なくないのですが，一般には，そのグループの性質をよく代表しているという意味で，最も中心に近い値を選ぶのが普通です．ところが，何が中心に近い値なのか，となるとあまり簡単ではありません．すぐ念頭に浮かぶのは**相加平均**（**算術平均**ということもある）です．

ご存じ，相加平均は，グループの値をぜんぶ足して，値の個数で割れば求まります．私達の5個のグループでは

$$\frac{3+5+5+7+10}{5} = 6$$

が相加平均値です．

2　数字のグループを取り扱う

　この本のモットーは，むつかしい数式を使わないことです．しかしながら，ここで一つだけ記号を覚えてください．グループの値は，3，5，5，7，10なのですが，私達が取り扱う値は，いつも，3とか5とかに限られたものではありません．ときには，167.5 cmという値だとか，48,500円だとかを取り扱うこともあります．それに，値の個数も5個と決まったものではありません．そういういろいろな場合を含めて，相加平均の表わし方を説明しようとすると，つぎのようになります．

　n個のグループの値が$x_1, x_2, x_3, \ldots\ldots, x_n$であるとき，相加平均$\overline{x}$は

$$\overline{x} = \frac{x_1 + x_2 + x_3 + \cdots\cdots + x_n}{n}$$

で表わされる，というしだいです．つまり，$x_1, x_2, x_3, \ldots\ldots, x_n$という$n$個の値をぜんぶ足し合わせて，値の個数$n$で割ったもの，という意味です．$\overline{x}$は，エックス・バーと読みます．

　さて，覚えていただくのは，このつぎです．

$$x_1 + x_2 + x_3 + \cdots\cdots + x_n$$

と書くのはめんどうなので，これを

$$\sum_{i=1}^{n} x_i$$

と書くことにします．します，といっても私が勝手に決めたのではなく，今古東西を問わず，世界中のどこへいっても通用する立派な記号です．x_iのiは，1からnまでのどんな数字でもよいことを表わし，iが1からnまで，つまり，x_1からx_nまでをぜんぶ足し合わせることを表現しています．x_iのぜんぶを足し合わしてくれ，という意味で，もっと簡単に

$$\sum x_i$$

とだけ書いても，十分に通用します．そうすると相加平均値は

$$\overline{x} = \frac{\sum x_i}{n}$$

と書いて表わすことができます．こういう記号を使うのは，かっこよく見せようなどとしているのではなく，ただただ，式の形を簡単にして，のみ込みやすくしたいだけです．Σ はギリシア文字でシグマと読み，ローマ字のSに相当する文字です．英語では足し算のことを summation といいますので，この頭文字 S，つまりギリシア文字では Σ が足し算を意味する記号として使われております．

数学の世界では，アルファベットだけではいろいろな記号がまかないきれないので，ギリシア文字もよく使われます．そして，どういう場合にはどの文字を使うかについて，Σ のようにはっきりとした約束ができているものもありますし，また，ほぼ習慣になっているものもあります．統計の世界も例外ではありません．ご参考のために，ギリシア文字の一覧表をつぎのページに載せておきました．

私達は，日常の生活の中でも気軽に相加平均を使っています．クラスの男子の身長の平均は135 cm だ，とか，この団地の一家族あたりの平均収入は月あたり34万円である，とか，いくらでも思いつくでしょう．とくに断わらないで平均といえば，それはふつう相加平均のことをさしています．

ところで，相加平均は，グループを代表する値なのですが，どんな意味をもっているのでしょうか．20ページ上の図を見てください．私達の値のグループは

3, 5, 5, 7, 10

2 数字のグループを取り扱う

大文字	小文字	読み方	相当するローマ字
A	α	アルファ	A
B	β	ベータ	B
Γ	γ	ガンマ	G
Δ	δ	デルタ	D
E	ε	イプシロン	短音の E
Z	ζ	ツェータ	Z
H	η	エータ	長音の E
Θ	θ	テータ	TH
I	ι	ヨータ	I
K	κ	カッパ	K
Λ	λ	ラムダ	L
M	μ	ミュー	M
N	ν	ニュー	N
Ξ	ξ	クシー	X
O	o	オミクロン	短音の O
Π	π	パイ	P
P	ρ	ロー	R
Σ	σ	シグマ	S
T	τ	タウ	T
Y	υ	ユプシロン	Y
Φ	ϕ または φ	ファイ	F
X	χ	カイ	CH
Ψ	ψ	プシー	PS
Ω	ω	オメガ	長音の O

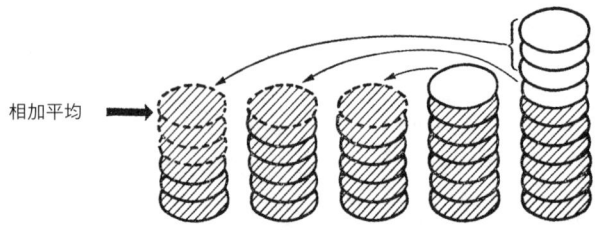

相加平均

であり,その相加平均は6なのですが,その意味を図に描いてあります.とくに説明する必要もないと思いますが,要するに,多すぎるほうから少なすぎるほうへ移動して,全体に公平に分配したときのその量が,相加平均です.

相加平均は,こういう値なのですが,実は,このほかにもう一つ重要な性質があります.もう一度,私達のグループ

   3, 5, 5, 7, 10

について,相加平均の別の意味を考えてみます.左下の図を見てください.重さのない長い棒があるとします.どこでもかまいませんが,棒の上に原点を決めます.原点から3のところにおもりを付けます.3の単位は,cmでもmでもインチでも何でもかまいません.同じように原点から5のところに同じ重さの重りを付けます.グループの中に5が2つあるのでおもりを2つ付けてください.さらに,7のところと10のところにおもりを1つずつ付けます.そして,この棒のどこかをささえて,棒がどちらへも傾かないようにします.その'どこか'が相加平均を表わし

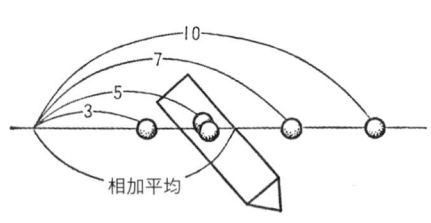

ています.すなわち,重心がちょうど相加平均なのです.いいかえると,相加平均は,その値より大きい値までのへだたりの和と,その値より小さい値までのへだたりの和が等しくなるような'その値'である,ということになります.いまの例では,相加平均は6ですから

3までのへだたり	3	7までのへだたり	1
5までのへだたり	1	10までのへだたり	4
5までのへだたり	1		
合計	5	合計	5

ということになっています.

　グループを代表する値として,私達はまず相加平均を念頭に浮かべます.相加平均以外の代表値をまったく考えたことのない方も少なくはないでしょう.それほど,相加平均は,代表値としてすぐれた性質をもっていて,多くの場合,たしかに,最もすぐれた代表値です.しかし,いつも最もすぐれているとはかぎりません.さきほどの,ブランコを作るはなしもその例ですが,つぎのような例もあります.

　都営や市営などの公営住宅は,もともと低所得の人達に住居を提供するのが目的です.そこで,入居後,収入が増えて,自前で住居を手に入れることができるようになった人は,公営住宅をもっと収入の少ない人に明け渡すべきだ,という議論は当を得ています.あるとき,ある所で,8世帯の公営住宅入居者が,高い収入があるにもかかわらず公営住宅に居すわっている,と非難されました.彼ら1世帯平均の月収入が50万円以上もあるというのです.調べてみると,確かにそのとおりでした.しかし,実は,8世帯の中に,パチンコ屋の経営に成功して280万円の月収がある世帯があったのです.この世帯を除くと,残りの7世帯の平均収入は20万円にすぎませんでした.非難さ

れるべきなのは1世帯だけで、あとの7世帯は相加平均のおかげで、不当な非難を受けたことになります。めいわくしごくな話しです。この場合、相加平均は、代表値としては適当ではなかったのです。

いろいろな代表値

相加平均のほかにも、グループを代表するいくつかの値があります。ざっと眺めてみましょう。

（1）相乗平均

グループのn個の値をぜんぶ掛け合わせて、それをnで開いた値を、相乗平均(**幾何平均**ということもある)といいます。

　　　3, 5, 5, 7, 10

の例では

$$\sqrt[5]{3\times5\times5\times7\times10} \fallingdotseq 5.55$$

が相乗平均です。この平均値はなかなか味があり、前に出てきた公営住宅居住者の所得の例のように、とび抜けて大きい値が混ざったグループなどでは、相加平均よりおだやかな値になります。8世帯の月収を調べたところ

　　　280万円　1世帯
　　　 20万円　7世帯

であったとすると

　　　相加平均　　52.5万円
　　　相乗平均　　27.8万円

になり、相乗平均のほうが代表値として適当なように感じられます。ただ、相乗平均は、$\sqrt[5]{\ }$などという計算が必要になり関数計算になじ

みの少ない方には計算がめんどうなのと，相乗平均の意味が相加平均ほどわかりやすくないので，あまり多くは使われていません．

（2）**中央値(メジアン)**

グループの値を小さい順か大きい順かに並べます．そして，ちょうど中央の値を中央値といいます．英語のまま，メジアンと呼んでも通用します．私達のグループ

  3, 5, 5, 7, 10

では，5がメジアンになっています．これも，代表値としては使いものになることが少なくありません．第一，計算が全くいらないので，手軽です．しかし，手軽さの裏には，粗雑さがつきものです．メジアン以外の値がせっかく持っ

ている情報をあまり利用していません．利用しているのは，メジアンより大きい値と，メジアンより小さい値の数が同じだというだけで，メジアンよりどれだけ大きいか，という情報が無視されてしまっています．ですから

  1, 2, 5, 5, 5　と

  4, 4, 5, 9, 12

とでは，明らかに後者のほうが大きな数のグループのようですが，メジアンを代表値として比較すると，両グループとも同じだ，という結論になってしまうような不合理も起こります．

　なお，グループの値の個数が奇数ならば，もんくなくメジアンが見

つかりますが，偶数のときにはちょっと困ります．このときには，中央に近い2つの値の相加平均値をメジアンとするのがふつうです．

(3) **なみ値（モード）**

グループの中で最も個数の多い値をなみ値，英語ではモードといいます．

　　　　3, 5, 5, 7, 10

のグループでは，5が2個あり，その他はみな1個なので，5がモードです．最もひん度が多い値という意味で，最ひん値と呼ばれることもあります．

1人の代議員を選び出す選挙は，モードがグループの代表値である，という思想の表われです．モードを代表値とするときに，候補者の数が多いと，票が割れてたくさんの人の意見が無視されるというへい害が起こることが少なくありません．たとえば，

　　　　3, 5, 5, 7, 10 と

　　　　5, 5, 9, 13, 46

とは，モードが代表値であれば，両グループとも代表値は同じなのですが，印象としてはずいぶん異なったグループのようです．選挙の場合には，このへい害を軽減するために，1回目の投票で50％以上の票を独占する人がいないときには，1位と2位の人で再び選挙を行なう，いわゆる決戦投票というやり方があります．

相加平均，相乗平均，メジアンは，程度の差こそあれ，グループの値の中心に近い値であって，中心に近いという意味でグループの代表値なのですが，モードは，必ずしもそうでないことがあります．中心に近い値であるという意味でモードを代表値に選ぼうとするならば，中心に近い所に最もたくさんの値が集まるという見通しをもっている

2 数字のグループを取り扱う

体操の得点も
代表値の1つである

必要があります．

　グループの代表値の選び方には，目的によっては，このほかにもいろいろな決め方が考えられます．前にも書いたように，代表値は，目的に応じて決めるべきであって，相加平均だけが権威ある代表値だと思い込んでいるのは困ります．もっと柔軟でなければなりません．柔軟な代表値の選び方の一例として，おもしろいのは体操の得点の決め方です．体操では，何人かの審判がつけた点のうちで，一番高い点と最も低い点とを除いて，他の点を相加平均して，その演技の得点としています．

　しかしながら，やっぱり，グループの代表値としては相加平均が最もよく使われます．その理由は，こうです．第1に，グループの値のすべてが計算に使用されていて，十分にグループの持つ情報を利用

していること,第2に,それにもかかわらず,計算がむつかしくないこと,第3には,すでに述べたように,相加平均の持つ意味が,比較的わかりやすいことです.

ばらつきの大きさ

だいたい,基礎編はおもしろくないものと相場が決まっています.相加平均の話などは,どう書いたっておもしろくもおかしくもないものです.しかし,私は書きすすまなければなりません.一足とびに手品のような統計数学の話をするよりは,平均だとか,バラツキだとかの意味をじっくりと噛みしめるのが,統計の本質に迫る正道なのですから…….

いくつかの値のグループを代表する値にはいくつかの決め方があるということは,すでにお話ししましたが,では,つぎの3つのグループを見てください.

7, 7, 7, 7, 7 (aグループ)
5, 6, 7, 8, 9 (bグループ)
1, 4, 7, 10, 13 (cグループ)

この3つのグループは,相加平均も同じですし,中央値(メジアン)も同じです.相加平均やメジアンを代表値として比較しているかぎりでは,この3つのグループには差がないことになります.しかし,この3つのグループは,一見して明らかに差があります.どこが違うのでしょうか.そうです,バラツ

キが異なるのです．aグループは，ぜんぶが 7 ですから，全くバラツキはありません．bグループは，7 を中心にして 5 から 9 までの間でばらついています．c グループは，1 から 13 までの広い範囲にわたってばらついているのが見られます．

　値のグループの性質を見きわめるには，代表値も重要なキーポイントですが，それだけでは不十分です．グループの値のバラツキにも着目しなければなりません．そもそも，グループの値にバラツキがあって，どれを代表値にするのが適当かわからないので，相加平均を求めたり，メジアンを探したりするような代表値を選ぶ手続きが必要になったわけです．

　3つのグループをもう一度眺めてください．aグループにはバラツキがありません．すなわち，バラツキは0です．bグループのバラツキは，明らかにcグループのバラツキより小さい，ということができます．むつかしい理くつは知らなくても，そのくらいのことは，ひとにらみすればすぐわかります．グループの中心に近い値の付近にグループの値が集まっていれば，バラツキが小さいと判断できそうに思われます．ところが，どっこい，いつもそううまいぐあいにいくとはかぎりません．つぎの2つのグループを比較してみてください．

　　　2, 2, 5, 8, 8　（dグループ）
　　　1, 5, 5, 5, 9　（eグループ）

さあ，どちらがバラツキが大きいと判定すべきでしょうか．dグループは，中心の 5 から 3 も離れたところに 4 つの値があります．e グループは，中心に 3 つの値がありますが，中心から 4 も離れた異端者が 2 つあります．どちらがバラツキが大きいか，となると意見が分かれそうです．

そこで，バラツキの大きさについての論議をするに当たっては，何をもってバラツキの大きさと定義をするか，の約束が必要となります．約束というと，何だ，そんなに権威のないものか，宇宙のしんらばんしょうに通ずる真理ではなくて，単なる人間どうしの約束ごとなのか，とがっかりなさる方がおられるかもしれません．別段，私のせいではありませんから，あやまる必要はないと思うのですが，やっぱり申し訳ない気がします．しかし，自然科学の法則にしても，社会科学の成り立ちにしても，だいたいは，そんなものです．温度でも，1気圧の下で水が氷になる温度を0℃，水がふっとうする温度を100℃と約束しているだけの話しですし，100円玉は10円玉の10倍の価値があるというのも約束ごとです．そう考えてくれば，バラツキの大きさについても，人間どうしの約束で大きさを定義していても，腹はたたないでしょう．ただ，こういう約束は，誰にとっても使いやすく便利で，そして，もっともだ，と人々を得心させるものでなければなりません．

バラツキの大きさの定義にも，いろいろな約束の仕方があります．そのうちで，最もよく知られているのが，**レンジ**と**標準偏差**です．

レンジは英語のrange(範囲)のことですが，ふつうは英語のまま，レンジといっています．記号で略記するときにはRと書くのがしきたりです．意味は何でもありません．文字どおりレンジ(範囲)です．そのグループの値がばらついている範囲のことですから，グループの中で最大の値から最小の値を引いて求められます．前ページのdグループでは

$$8 - 2 = 6$$

ですし，eグループでは

$$9 - 1 = 8$$

2 数字のグループを取り扱う

です.レンジでバラツキの大きさを定義すると約束すれば,eグループのほうが d グループよりバラツキが大きいという結論になります.

レンジは,計算が全く簡単なので,ものぐさな方や数字ぎらいな方にとっては,ありがたい定義なのですが,どこかにも書いたように,手軽さには粗雑さがつきものです.レンジも,グループの中の最大値と最小値だけを相手にしていて,その他の値の言い分を少しも聞いてやっていない横暴さがあります.そのために

　　　1,5,5,5,9 と

　　　1,1,5,9,9

とのバラツキが同じであると判定してしまう誤りを犯すおそれがあります.

もう一つの約束の仕方,標準偏差については,少していねいにお話ししたいので,つぎの節にゆずります.

標準偏差とは

さて,標準偏差です.これ,これ,です.これがなくて統計学は始まりません.'シグマ'です.どこかでお聞きになったことがあるでしょう.それが標準偏差です.

レンジは,グループの最大値と最小値ばかりをえこひいきして,他の値の言い分は少しも聞いてやっていないのでした.標準偏差は,きめ細かく,グループ全員の意見によってバラツキ程度を決めています.グループ全員の意見をきくには,どうしたらよいでしょうか.27ページのdグループ

　　　2,2,5,8,8

によって説明をつづけます．このグループの相加平均は5です．標準偏差は，グループの個々の値が，相加平均からどれだけ離れているかによって，バラツキの大きさを決めるやり方です．個々の値が相加平均からどれだけ離れているかは，個々の値から相加平均を引けば求まります．すなわち，2は

$$2 - 5 = -3$$

だけ相加平均から離れているのですし，8は

$$8 - 5 = 3$$

だけ相加平均から離れています．つまり，dグループの5つの値はそれぞれ相加平均から

$$2 - 5 = -3$$
$$2 - 5 = -3$$
$$5 - 5 = 0$$
$$8 - 5 = 3$$
$$8 - 5 = 3$$

だけ離れています．グループのバラツキの大きさは，個々の値がどれだけ相加平均から離れているかを見ればよいのですから，離れている大きさを平均してやれば，バラツキのめやすが求められると考えるのが自然です．それでは，dグループの5つの値が相加平均から離れている大きさ

$$-3, \ -3, \ 0, \ 3, \ 3$$

の平均値(相加平均)を求めてみましょう．相加平均を求めるには，ぜんぶを足し合わせて5で割ればよいわけです．ところが困ったことになりました．ぜんぶを足し合わせると0になってしまうのです．この例だけの偶然でしょうか．そうではありません．こういう計算をする

2　数字のグループを取り扱う

といつでも0になってしまうのです．相加平均がどういうものであったかを思い出してください．すでに説明したように，相加平均は，その値より大きな値までのへだたりの和と，その値より小さな値までのへだたりの和とが等しくなるような'その値'のことでした．ですから，へだたりに大きいほうはプラス，小さいほうはマイナスの符号をつけてやれば，へだたりの総和は0になるに決まっています．

　それでは

　　　　$-3,\ -3,\ 0,\ 3,\ 3$

というへだたりの大きさをうまく表現するにはどうしたらよいでしょうか．まず，気がつくことは，マイナスの符号を無視して5つの絶対値

　　　　$3,\ 3,\ 0,\ 3,\ 3$

として取り扱うやり方です．なるほど，こうすれば5つのへだたりの大きさの平均値

$$\frac{3+3+0+3+3}{5} = 2.4$$

が求められ，この値はバラツキの大きさを表わすめやすとして使いものになりそうです．たしかに，このやり方もバラツキの大きさを表わす方法として適当な方法の一つです．

　しかし，絶対値をとるやり方は，実は，数学的な取り扱いとしてはくせが悪いのです．いろいろな分野で使いやすいように理論を展開するためにはあまり感心しません．そこで，のちのち数学的な取り扱いをやりやすくするために

　　　　$-3,\ -3,\ 0,\ 3,\ 3$

という値を2乗してマイナスの符号を取ってしまうことを考えてみま

す．つまり

9, 9, 0, 9, 9

にしてしまいます．そして，この値の平均値

$$\frac{9+9+0+9+9}{5}=7.2$$

をバラツキの大きさを表わすめやすとして使うことにします．

ところで，dグループのもともとの値

2, 2, 5, 8, 8

が2 cm, 5 cm, 8 cmというように長さの単位をもった値であった場合を考えてみます．相加平均は

$$\frac{2\,\text{cm}+2\,\text{cm}+5\,\text{cm}+8\,\text{cm}+8\,\text{cm}}{5}=5\,\text{cm}$$

で，やはり単位はcmです．平均値からのへだたりも

$$2\,\text{cm}-5\,\text{cm}=-3\,\text{cm}$$

というように，やはりcmが単位です．ところが，マイナスの符号をとるために2乗しますと

$$(-3\,\text{cm})^2=9\,\text{cm}^2$$

となって，今度は単位がcm^2，すなわち面積になってしまいます．そして，2乗してマイナスの符号をとってしまった値の平均値

$$\frac{9\,\text{cm}^2+9\,\text{cm}^2+0\,\text{cm}^2+9\,\text{cm}^2+9\,\text{cm}^2}{5}=7.2\,\text{cm}^2$$

も，単位はcm^2です．もともとのグループの値がcm単位であるのに，そのバラツキの大きさがcm^2の単位で表わされるのは困ったことです．そこで，このバラツキのめやすを平方に開いて単位をcmに戻して

2　数字のグループを取り扱う

$$\sqrt{7.2 \text{ cm}^2} \fallingdotseq 2.68 \text{ cm}$$

として,これをバラツキの大きさとすることに約束をします.これが標準偏差です.もう一度 d グループをにらんでみてください.

　　　2, 2, 5, 8, 8

相加平均の5を基準にしてみると,両側へ3ずつへだたった所に4つの値があり,平均値とどんぴしゃり同じ値が 1 つあります.バラツキの大きさが2.68というのは,いかにもなっ得できそうな値ではありませんか.なお,グループの相加平均からのへだたりを,統計では**偏差**と呼んでいます.標準偏差というのは,標準的な偏差という意味でしょう.

　説明が少し長くなりましたので,標準偏差の求め方をもう一度,整理します.n 個の値のグループ

$$x_1, \ x_2, \ \cdots\cdots, \ x_n$$

があるとします.まず,相加平均を求めます.

$$\frac{x_1 + x_2 + \cdots\cdots + x_n}{n} = \bar{x}$$

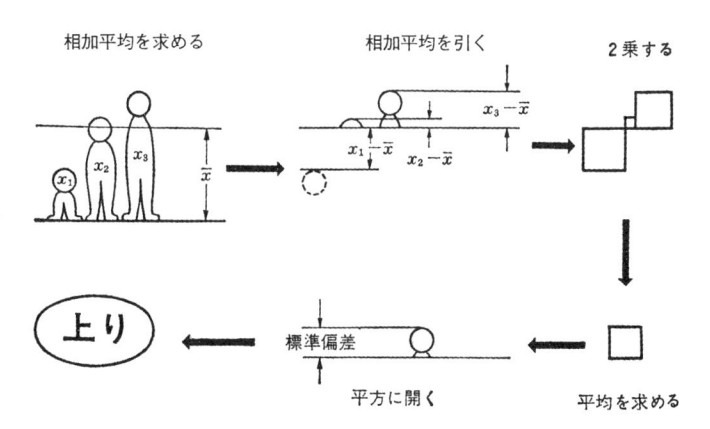

相加平均を求める　　　　　相加平均を引く　　　　　2乗する

↓

上り　←　標準偏差　←　平方に開く　←　平均を求める

おのおのの値から $\overline{x}$ を引いた値を n 個作ります．

$$\left.\begin{array}{c} x_1 - \overline{x} \\ x_2 - \overline{x} \\ \cdots\cdots \\ x_n - \overline{x} \end{array}\right\} n 個$$

2乗します．

$$\left.\begin{array}{c} (x_1 - \overline{x})^2 \\ (x_2 - \overline{x})^2 \\ \cdots\cdots \\ (x_n - \overline{x})^2 \end{array}\right\} n 個$$

これらの相加平均を求めます．

$$\frac{(x_1 - \overline{x})^2 + (x_2 - \overline{x})^2 + \cdots\cdots + (x_n - \overline{x})^2}{n}$$

まえに覚えていただいた Σ を使うと

$$\frac{\sum (x_i - \overline{x})^2}{n}$$

単位を戻すために，これを平方に開いて

$$\sqrt{\frac{\sum (x_i - \overline{x})^2}{n}}$$

これが標準偏差です．標準偏差は σ で表わす習慣になっています．σ はシグマと読みます．Σ も σ もシグマですが，ともにギリシア文字で Σ が大文字，σ が小文字です．標準偏差の式は

$$\sigma = \sqrt{\frac{\sum (x_i - \overline{x})^2}{n}}$$

という形になることを，これだけは，ぜひ覚えてください．

標準偏差のらくな計算法

dグループとeグループをもう一度比較してみます.

2, 2, 5, 8, 8 (dグループ)

1, 5, 5, 5, 9 (eグループ)

バラツキの大きさをレンジで約束すれば, eグループのほうがdグループよりバラツキが大きいという結論でした. 今度は, 標準偏差をバラツキの大きさの定義として比較してみましょう. ともに相加平均は5です.

dグループ			eグループ		
x_i	$x_i - \bar{x}$	$(x_i - \bar{x})^2$	x_i	$x_i - \bar{x}$	$(x_i - \bar{x})^2$
2	-3	9	1	-4	16
2	-3	9	5	0	0
5	0	0	5	0	0
8	3	9	5	0	0
8	3	9	9	4	16
$\sum(x_i - \bar{x})^2 = 36$			$\sum(x_i - \bar{x})^2 = 32$		

$$\sigma = \sqrt{\frac{36}{5}} = \sqrt{7.2} \fallingdotseq 2.68 \qquad \sigma = \sqrt{\frac{32}{5}} = \sqrt{6.4} \fallingdotseq 2.53$$

この結果から, dグループのほうがバラツキが大きいと判定され, レンジの場合と逆の結論になりました. このように, バラツキの大きさも, どう表現するかの約束の仕方によっては, 異なる結論がでることも, たまにはあります.

バラツキの大きさの表わし方として, ここでは, レンジと標準偏差

の2種類しか紹介しませんでした．レンジは簡単なほうの代表ですが，その欠点を十分に承知のうえで使っていただく必要があります．標準偏差のほうは，計算はちょっとめんどうですが，非常に有用な表わし方です．ふつうの統計学では，バラツキの大きさとしては，ほとんどぜんぶ標準偏差を使っています．つぎの章に進むにしたがって，標準偏差の有用さは，だんだんにわかっていただけると思いますが，標準偏差が有用であるポイントはつぎの2つです．

第1は，前にも述べたように，グループのすべての値を使って計算するので，グループの持つ情報が十分に活用されている，ということです．そして，もう一つは，グループの値の個数によってバラツキのめやすが影響を受けないことです．相加平均から個々の値までのへだたりの，その平均をとっているので，こういう長所ができたわけです．

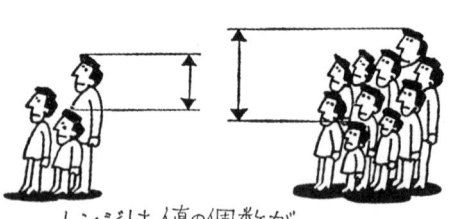

この点，レンジではそうはいきません．日本の成年男子の身長は，ある大きさのバラツキをもっているはずですが，グループの人数によって，きっとレンジは変わってくるでしょう．たとえば，同性の友人が30人くらい集まっても，一番大きい人と，最も小さい人とでも30cmは違わないでしょう．しかし何万人というグループをとってみると，和田アキ子さんを上廻るような人から，田村亮子さんより小柄な人まで，いろいろな大きさの人がいて，レンジは50cmにも及ぶかもしれません．レンジでは，同じバラツキの日本人の集団でも，そ

レンジは、値の個数が多いほど、大きくなりやすい

2　数字のグループを取り扱う

の人数によって値が異なってくるところが欠点の一つになっています．

　dグループとeグループの標準偏差は，何の苦労もなく計算することができました．しかし，ふつうは，もう少し手間がかかります．その最大の理由は，多くの場合，相加平均が小数点以下の数字がついたはんぱな値になるからです．一つだけ例を見てください．

　　　6, 7, 7, 8, 9, 10

という6つの値のグループの標準偏差を計算してみます．まず，相加平均 $\bar{x}$ を求めると

$$\bar{x} = \frac{6+7+7+8+9+10}{6} = 7.8333\cdots\cdots$$

かぎりなく3の字が続きます．きりがないので，多少の誤差は覚悟して

　　$\bar{x} = 7.833$

としてみます．前と同じ手順で標準偏差を計算すると，つぎのようになります．

x_i	$x_i - \bar{x}$	$(x_i - \bar{x})^2$
6	-1.833	3.359889
7	-0.833	0.693889
7	-0.833	0.693889
8	0.167	0.027889
9	1.167	1.361889
10	2.167	4.695889

$$\sum (x_i - \bar{x})^2 = 10.833334$$

$$\sigma = \sqrt{\frac{10.833334}{6}} \fallingdotseq 1.344$$

この計算をみると，かなりごちゃごちゃしています．犯人ははんぱな値の $\bar{x}$ です．$\bar{x}$ がはんぱなので，$x_i - \bar{x}$ もはんぱな値になり，それを2乗するのがめんどうになります．適当に端数処理をして，ほどほどの桁数にしてしまってもよいのですが，計算の誤差がどのくらいきいてくるのか，よくわからないので，あまり思い切った切り捨てもできません．

こういうとき，標準偏差を求める公式として

$$\sigma = \sqrt{\frac{\sum x_i^2}{n} - \bar{x}^2}$$

を使うと，計算の手間がだいぶ軽減できます．この式は34ページの σ の式と全く同じものです．少し数式の運算になれた方なら，この式から34ページの式を作り出すことも，その逆の運算も，容易にできます．この式を使って，いまのグループの標準偏差を求めると，つぎのようになります．

x_i	x_i^2
6	36
7	49
7	49
8	64
9	81
10	100
	$\sum x_i^2 = 379$

$\bar{x} = 7.833$

ですから

$$\sigma = \sqrt{\frac{379}{6} - 7.833^2}$$

2　数字のグループを取り扱う

$$\fallingdotseq \sqrt{63.166 - 61.356} \fallingdotseq 1.345$$

となります．この計算のほうが，はんぱな値を2乗するのが1回だけですみますので，前のやり方よりかなり楽になります．標準偏差を計算するときには，こちらのやり方で計算することをおすすめします．

　これで，標準偏差の計算のやり方は終りです．おお，しんど．

クイズ

第1問　つぎの2つのグループは，どちらのほうが標準偏差が大きいでしょうか．
　　Aグループ：1, 2, 3
　　Bグループ：11, 12, 13

第2問　3つの数字のグループを2つ作ってください．そして，ばらつきの大きさをレンジで比較したときと，標準偏差で比較したときとで，ばらつきの大きさの大小が反対になるようにしてください．みずから鉛筆を動かして数字をいじってみることが，ただそれだけが，統計に強くなるきめ手です．　　　　　　　　　　　　（答は☞ 281ページ）

3 ばらつきのスタイル

ヒストグラムを描こう

ばらついた値のグループの性質を理解するために，私達は前章で，そのグループの代表値の選び方と，バラツキの大きさの表現の仕方を学びました．ですから，「相加平均が7で標準偏差が1のグループ」というと，グループの有様がだいたいは見当がつきます．このグループの値は，きっと7の付近に多くて，4以下や10以上の値はあまりないでしょう．こういうことがわかるだけでも，グループの性質を読む力はずい分ついてきたのですが，まだ完全とはいえません．もう一息です．つぎの2つのグループを比較してみてください．

　　　3, 3, 3, 3, 3, 4, 4, 4, 5, 5, 5, 6 　（fグループ）

　　　2, 3, 3, 4, 4, 4, 4, 4, 4, 5, 5, 6 　（gグループ）

この2つのグループは，計算してみればわかりますが，相加平均は両グループとも4，標準偏差は両グループとも1です．したがって，こ

3 ばらつきのスタイル

れまでの私達の知識では、両グループの性質は同じだ、ということになります。しかし、この2つのグループには、何となく違いがあるようです。fグループが、3が最も多く、値が大きくなるにつれて、その個数が減ってくるのに、gグループは4を中心にして、それより大きい値も小さい値も少なくなっています。この有様は、図に描いてみると一目りょう然です。図では、横軸が値の大きさ、縦軸が値の個数になっています。fグループが左寄りに片寄っているのに、gグループは中央が高い左右対称の図形であることがよくわかります。

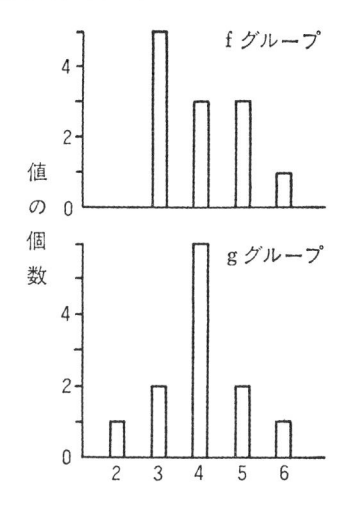

これだけバラツキの形が異なるのに、代表値とバラツキの大きさが同じだという理由で、両グループの性質が同じだと解釈するのは、少々おそまつなようです。グループの性質を理解するには、代表値とバラツキの大きさのほかに、バラツキの形が必要だと思われます。

この章では、バラツキの形、統計の言葉でいうと、**分布**の形についてお話しします。しばらくの間、あじ気のない話が続いて恐縮ですが、これも身のため人のためです。お付合いねがいます。

いま、ここに

25	33	18	41	27
23	18	36	44	7
13	28	11	30	40

25	49	22	56	24
28	37	37	34	12
4	45	21	12	31
42	1	39	23	31
19	41	21	18	31
47	22	11	28	35
36	15	23	28	33

という50個の数値のグループがあるとします．これらの数値は，たとえば同級生50人にある種の知能テストをやらせたときの成績であると考えても，たまたま同じ電車に乗り合わせた乗客の年齢であると考えても結構です．なるべく，おもしろそうな例を頭の中に浮かべておいてください．

　これらの値のグループをざっと眺めただけでは，このグループの性質はよくわかりません．2桁の数値がごちゃごちゃと不規則に並んでいるにすぎません．もう少しよく眺めてみます．1桁の値もちらほらとあるようです．なんとなく20台，30台が多いようですが，10台，40台も少なくはありません．しかし，どうもはっきりしません．

　そこで，棒グラフを描いてみることにします．まず，10以下の値はいくつあるでしょうか．ずっと調べていくと，7, 4, 1と3個の値が見つかりました．つぎは，10〜19の値はいくつあるでしょうか．50個の値を上からずっとみていくと

　　　　18, 18, 13, 11, ……

というように10個の値が見つかります．こうやって，20〜29の値，30〜39の値などを探していけば，50個の値を10個ずつの区間に分類することができますが，1回ごとに50個の値を初めから見直すのは，あまり能率的とはいえません．そこで，ふつうは，値を初めからひと

3 ばらつきのスタイル

つひとつ読み上げながら,選挙の得票読みをする要領で,分類をしていきます.得票読みを記録するには,下の表のように,5個で〼ができあがる方法をよく使います.もっとも〼は,1950年代になってアメリカから輸入された記号で,日本のオールド・ボーイは5個ごとに正の字を作り上げるほうが,なじみが深いかもしれません.

値	
1〜10	///
11〜20	〼 〼
21〜30	〼 〼 〼 /
31〜40	〼 〼 ///
41〜50	〼 //
51〜60	/

さて,分類が終わったら,それを棒グラフに描きます.私達の数値のグループは下図のようになりました.横軸は分類に使ったクラス分けの境界で,縦軸は,おのおののクラスに含まれる値の個数です.このような棒グラフは**ヒストグラム**と呼ばれています.

このヒストグラムを眺めると,今度は,グループの性質がかなりよくわかってきます.まず,相加平均は27〜28ぐらいのようです.すでにお話ししたように,相加平均は重心を表わしていますから,ヒストグラムを一様な厚さの板から切り抜いて,次ページの図のようにバランスがとれる支点の位置を想像してみると,それがちょう

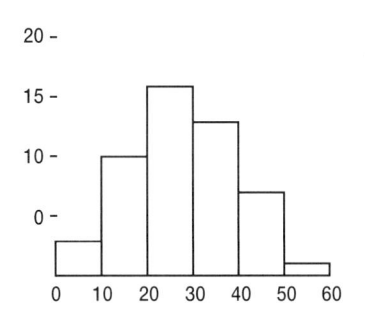

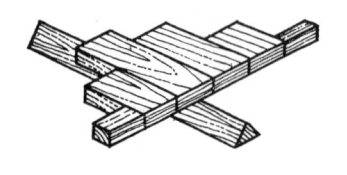

ど相加平均になっているわけです．計算してみると，このグループの平均は約27.5になっていますが，計算しなくともそのくらいの見当はつけられます．

バラツキのほうは，どうでしょうか．ごらんのとおりです．このグループでは20〜40ぐらいの値が最もふつうであって，10台や40台も決して特異ではなくこのグループの重要な構成メンバーです．しかし，1桁の値や50台の値は，このグループとしては異端者に属するといえるでしょう．

バラツキの大きさ，はどうでしょうか．ヒストグラムをにらんで，標準偏差がどのくらいか見当をつけるには，やや熟練がいります．この本を読み終わった頃には，だいたいは見当がつけられるくらいになっていただけるはずです．この程度のバラツキで標準偏差は約12です．いいかえると，このグループを構成する個々の値は，平均値27.5を中心にして，それよりも12ぐらい大きかったり小さかったりするのが，最も標準的な値であるということができます．もう一度ヒストグラムのりんかくを描いて，27.5のところに平均値を表わす線を書き入れ，その両側に標準偏差12に相当する幅をとり，その範囲に色をつけてみました．ヒストグラムの形，すなわち，分布の形によって多少の違いはありますが，このように範囲を決めて色をつけると，その範囲の中

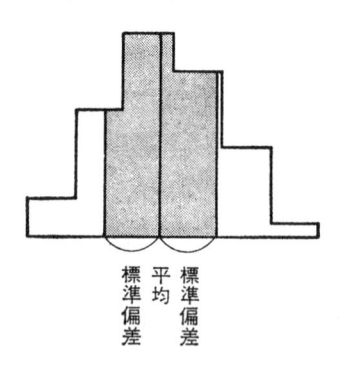

にグループの値の約2/3が含まれるのがふつうです.

クラスの数はいくつが適当か

私達は，50個の値をクラス分けしてヒストグラムを作ってみました．そのときには，10台，20台というように，クラスの幅を10にして分類したのですが，いつでも10ずつの幅でクラス分けすればよいと決まったものではありません．もしも，グループの値がみな71〜80であったとすると，10の幅でクラス分けしたのでは，全部が同じクラスにはいってしまい，ヒストグラムはただ1本の柱だけになってしまいます．こんなヒストグラムなら，描かないほうがましです．

右の図をみてください．さきほどの50個のグループをクラスの幅をいろいろに変えながら，ヒストグラムを描いてみました．一番上は，クラスの幅を2にしたところです．すなわち，1と2を同じクラスに，3と4を同じクラスに，

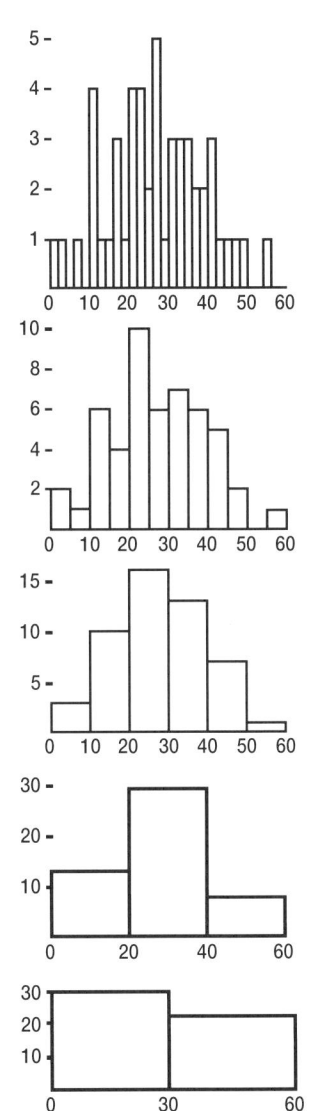

………，27と28を同じクラスに，というようにクラスを分類したのです．どうもごちゃごちゃしすぎています．グループの値が勝手気ままにおしゃべりをしていて，グループとして統一された意見とは考えにくいのです．

2番目の図では，クラスの幅を5にしてみました．だいぶ良くなりましたが，まだ少しごみごみした感じがします．それに，1本の柱の主張に重みがありません．たとえば，0～5の区間には1という値と4という値とで2個の値があり，6～10の区間には1個しか値がないので，0～5の区間の柱のほうが高くなっていますが，0～5の区間にある'4'が，もし'6'だったとすると，柱の高さは反対に6～10の区間のほうが高くなります．1つの値が少し変化しただけで図形の印象が変わってくるようでは，主張に重みがないと言われてもやむをえません．

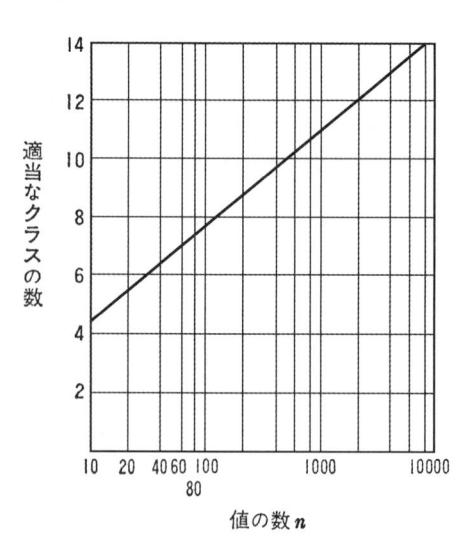

3番目の図は，クラスの幅が10の，すでにおなじみのヒストグラムです．グループ全体の印象もつかみやすいし，1本の柱の中に含まれる値の数も多くなってきたので，発言に重みがあります．

4番目は，クラスの幅を20にしてみた図です．少し，どっしりしすぎて

しまい，グループの性質をあまりよく物語ってくれません．5番目はクラスの幅を30にしたのですが，もはや論外です．

適当なクラスの値をどれだけにしたらいいかは，グループの値の広がりと，クラスの数とによって決めなければなりません．Sturgesという人は，適当なクラスの数は，グループの値の数がnならば

$$1 + 3.3 \log n$$

ぐらいだ，といっています．logは10を底とした常用対数なのですが，数表をひいて計算をしなくてもすむように，グループの値の数と，適当なクラスの数との関係をグラフにしておきました．私達が調べているグループは，値の数nが50ですから，クラスの数は6つか7つぐらいが適当だということになります．45ページの5つのヒストグラムのうち，3番目が適当なクラス分けをされた図ということがわかります．

パレート解析

ちょっとわき道へそれるのですが……．

前の節で，私達は50個の値を10台の値，20台の値というようにクラス分けしてヒストグラムを作ってみました．図を描くときに私達はなにげなく10台の柱の右には20台の柱を，その右には30台の柱を，というように順序よく並べたのでした．そして，その並べ方についてどなたも疑問を感じられなかったことと思います．それが一番すなおな並べ方なのですから……．これを，10台の柱の右には40台を，その右には20台，というような変な順序に並べたらどうでしょうか．こういうヒストグラムは間違いだといいきるわけにはいきません．もともと，このようにクラス分けをしてしまった以上，20台にはいく

つの値が含まれ，30台にはいくつの値がある，ということに意味があるのであって，29と30とは隣り合わせだ，ということは無視してしまっているのですから……．しかしながら，ふう変りな順序に並べてみたところで何も良いことはありません．見にくくなるだけです．ですから，私達はこんなばかげた並べ方はしないで，すなおに順序よく並べてやることにします．

部　位	百分率
肺　ガ　ン	18 %
胃　ガ　ン	17 %
肝　臓　ガン	12 %
結　腸　ガン	8 %
すい臓ガン	6 %
胆のうガン	5 %
直　腸　ガン	4 %

ところで，上の表を見てください．日本人は約3.4人に1人の割でガンで死亡しているのですが，この表は，ガンが食いついた場所ごとに分類してみたものです．この表をヒストグラムに描こうというのですが，さて，今度はどういう順序に並べるのが一番すなおでしょうか．人体の上の方から，肺ガン，肝臓ガン，胃ガンというように並べるのも手であるようですし，まず消化器の系統を並べて，つぎに呼吸器の系統を並べるのも一つの方法でしょう．それはそれで意味のないことではありません．しかし，こういう並べ方の必然性はどうも薄いようです．もっと，かっこいい並べ方はないものでしょうか．この場合のように並べ方に必然性が少ないときには，大きい順に並べるのがもっともふつうに行なわれているやり方です．大きい順に並べてヒストグラムを描いてみると次ページの図のようになりました．肺ガンと胃ガ

ンがずいぶん多いな，という感じがよくわかります．

このヒストグラムに，ちょっとした細工をしてみます．一番大きな肺ガンはそのままにして，2番目の胃ガンの柱を肺ガンの柱に続く位置まで持ち上げてみるのです．同じように，3番目の肝臓ガンの柱は，2番目の胃ガンの柱に続く高さまで持ち上げます．そうすると右の図のようになります．これをみると，肺ガンと胃ガンと肝臓ガンの3つだけで全体の47％も占めており，もしこの3種類のガンをぼく滅することができればガンの47％は減ってしまうということがよくわかります．こういう図を**パレート図**といい，パレート図を描いて内容を観察することをパレート分析などと呼んでいます．

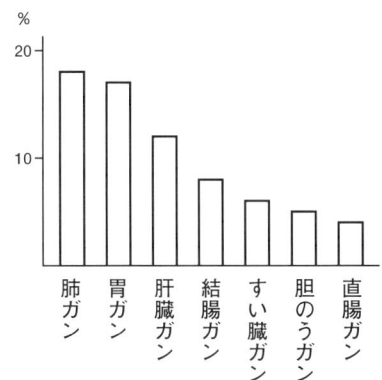

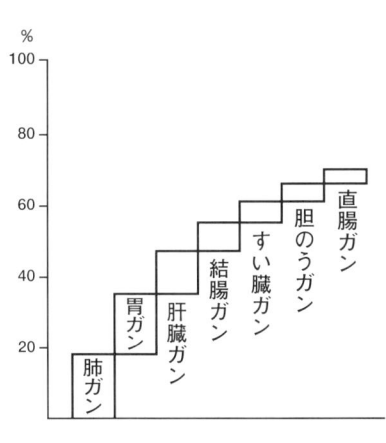

パレート分析は，工場で発生する事故を分析して，事故の発生を減らそうというとき，あるいは，ある機械の故障の内容を調べて対策を施そうとするときなどには，非常に有効な方法です．たとえば，次ページの図は旧時代のあるタイプのテレビについて，故障のありさまを

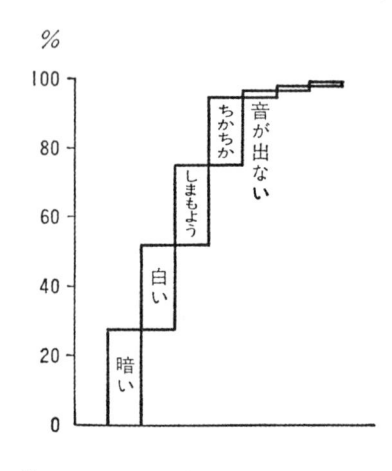

パレート分析したものです．

　　暗くなる

　　白くなる（コントラストが

　　　なくなる）

　　しまもようになる

　　ちかちかする

の4種でほとんど95％を占めています．そして，幸いなことには，暗くなったときにはこの真空管を，白くなったらあの真空管を，しまもようになったらその真空管を，ちかちかしたらあっちの真空管をとり代えれば，すぐに直ってしまうのでした．これだけ知っていれば，テレビの故障の95％は自宅で簡単に修理できることになります．そして，残りの5％は，専門家が取っ組んでもひとすじなわではいかない故障だということでした．

無限を対象としたヒストグラム

この章で，私達がヒストグラムの例に使用したグループでは，値の個数が50個でした．しかし，いつも50個とはかぎりません．私達が取り扱う値のグループは全く千差万別です．マージャンが終わったあとの得点の計算では，4人の得点，つまり，4つの値が1つのグループを構成しています．通勤に要する時間を1カ月間記録をすれば，休日を除いて20ぐらいのデータが得られるでしょう．日本の所帯別の収入を調べたとすると，数千万というたいへんな数のデータが1つ

3 ばらつきのスタイル

のグループを構成しているはずです．しかし，何千万だろうと何億だろうと，もっと大きくなって何兆でも，それ以上でも，とにかく有限な個数であるうちは，ヒストグラムの描き方は本質的には50個の場合と同じです．ただ，クラス分けにべらぼうな労力と時間とが必要であり，ヒストグラムの縦目盛の値が大きくなるのが違うだけです．

　ヒストグラムを描く考え方が本質的に変化をするのは，グループの値が無限大になったときです．現実の問題としては，無限大のデータなど，存在しません．しかし，そこは万物の霊長たる人間です．頭の中で無限大のデータを作り出すことを，私達はしょっ中やっています．そして，このような考え方は，ものごとのすじみちを単純化し，整然とした思考を助けてくれます．

　たとえば，くせのないサイコロを振ることを考えてみましょう．どの目が出る確率も1/6です．しかし，60回振っただけでは，どの目も10回ずつ出るとはかぎりません．ちょっとした偶然で，⚀が12回，⚁が9回，⚂が8回という結果が出ることも，当然ありうることですし，⚀が10回，⚂が13回などという別の結果になることも，ありうるでしょう．予想した10回ずつから，2割や3割多かったり少なかったりすることは，決してまれではありません．サイコロを振る回数を600回にふやしたとすると，今度は，予想される100回ずつから，3割も違った回数になることは，あまりないと考えられます．6,000回にすれば，⚀が1,300回も出ることはほとんど考えられないのですが，それでも1,000回ちょうどになるとはかぎりません．1,082回とか945回とかやはり⚀の出た回数はふった回数の1/6よりは多かったり少なかったりするでしょう．それでも，⚀が出た回数の，ふった回数に対する割合は，1/6にかなり近い値になることが期待されます．サ

無限母集団のヒストグラムはいくら長い紙でも書ききれない

　イコロをふる回数を6万回にふやし，さらに，600万回にふやし，というようにどんどんふやして，とうとう無限回までふやしたとすると，⚀が出る割合は1/6に安定してしまうと考えられます．こういう考え方ができるのが'考えるあし'たるゆえんです．

　さて，サイコロを無限回ふったとき，⚀，⚁，……，⚅ がどれだけ出るかをヒストグラムに描くとしたら，どうしたらよいでしょうか．ヒストグラムの縦目盛をおのおのの目が出る回数にしたらたいへんです．⚀が出る回数は，無限大の1/6なのですが，やはり限り無く大きな値です．縦目盛をいくら圧縮してやっても，⚀の回数の柱は，限りなく上へ伸びていきます．トイレットペーパーのような長い紙を使っても，この柱は書ききれません．こういうときには，縦軸の目盛を'確率'にしてしまいます．確率は，0〜1の間の値ですから，これなら，すんなりと適当な大きさのヒストグラムにおさまってしまいます．こうして描いたのが次ページの図のようなヒストグラムです．

3 ばらつきのスタイル

全部の柱が同じ高さなので，このような分布を**一様分布**といいます．

もう一つ例をあげます．10個のサイコロをばらばらところがします．10個のうち，⚀がいくつ出るでしょうか．⚀が1個もない確率，1個の確率，2個の確率，……は，つぎのように計算されることが知られています．

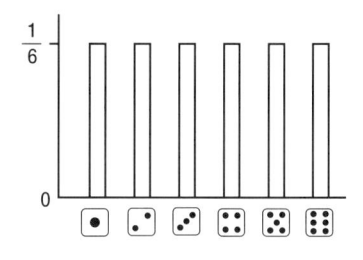

一般に，ある試みをしたとき，目的のことがらの起こる確率が p であるとします．サイコロの例では⚀が出る確率は1/6です．その試みを n 回——サイコロの例では，10個のサイコロをいっしょにふるので，10回の試みをしたことになります．——行なったときに，目的のことがらがちょうど r 回だけ起こる確率 $P(r)$ は

$$P(r) = {}_nC_r p^r (1-p)^{n-r}$$

で表わされます．ここで，${}_nC_r$ は，n 個から r 個となる組合せであり

$$ {}_nC_r = \frac{n!}{r!(n-r)!} $$

です．!(ファクトーリアル)は，1からその数までの整数を全部かけ合わせることを意味しています．たとえば

$$5! = 1 \times 2 \times 3 \times 4 \times 5 = 120$$

です．${}_nC_r$ の値の一部を次ページに書いておきました．この辺のことについては，本書の姉妹編『**確率のはなし**』にくわしく説明をしてありますので，そちらをお読みくだされば、ありがたいと思います．

さて，「10個のサイコロのつかみ投げ」にもどります．10個のうち，⚀が1個もない確率，1個の確率，2個の確率，……は，$P(r)$ の

```
         1 → / 1   1
        2 → / 1   2    1
       3 → / 1   3    3    1
      4 → / 1   4    6    4    1
   n 5 → / 1   5   10   10    5    1
     6 → / 1   6   15   20   15    6    1
    7 → / 1   7   21   35   35   21    7    1
   8 → / 1   8   28   56   70   56   28    8    1
  9 → / 1   9   36   84  126  126   84   36    9    1
 10 → / 1  10   45  120  210  252  210  120   45   10    1
      0   1    2    3    4    5    6    7    8    9   10
                              r
```

$_nC_r$ の値

式を使えば計算できます．

$$\boxdot が 0 個の確率 = {}_{10}C_0 \left(\frac{1}{6}\right)^0 \left(\frac{5}{6}\right)^{10} = 0.162$$

$$\boxdot が 1 個の確率 = {}_{10}C_1 \left(\frac{1}{6}\right)^1 \left(\frac{5}{6}\right)^{9} = 0.323$$

$$\boxdot が 2 個の確率 = {}_{10}C_2 \left(\frac{1}{6}\right)^2 \left(\frac{5}{6}\right)^{8} = 0.291$$

$$\boxdot が 3 個の確率 = {}_{10}C_3 \left(\frac{1}{6}\right)^3 \left(\frac{5}{6}\right)^{7} = 0.155$$

$$\boxdot が 4 個の確率 = {}_{10}C_4 \left(\frac{1}{6}\right)^4 \left(\frac{5}{6}\right)^{6} = 0.054$$

$$\boxdot が 5 個の確率 = {}_{10}C_5 \left(\frac{1}{6}\right)^5 \left(\frac{5}{6}\right)^{5} = 0.013$$

$$\boxdot が 6 個の確率 = {}_{10}C_6 \left(\frac{1}{6}\right)^6 \left(\frac{5}{6}\right)^{4} = 0.002$$

3 ばらつきのスタイル

$$⊡が7個の確率 = {}_{10}C_7 \left(\frac{1}{6}\right)^7 \left(\frac{5}{6}\right)^3 = 0.000$$

$$⊡が8個の確率 = {}_{10}C_8 \left(\frac{1}{6}\right)^8 \left(\frac{5}{6}\right)^2 = 0.000$$

$$⊡が9個の確率 = {}_{10}C_9 \left(\frac{1}{6}\right)^9 \left(\frac{5}{6}\right)^1 = 0.000$$

$$⊡が10個の確率 = {}_{10}C_{10} \left(\frac{1}{6}\right)^{10} \left(\frac{5}{6}\right)^0 = 0.000$$

} 無視できるほど小さい

これをヒストグラムに描いてみると図のようになります。このように、$P(r)$ の式で計算できる分布を**二項分布**と呼びます。

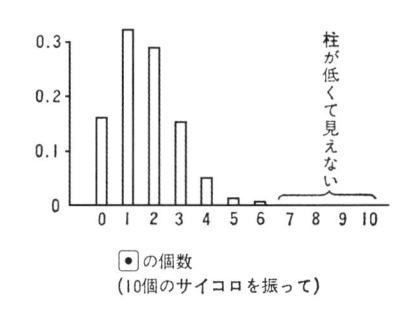

さきほどの一様分布や、いまの二項分布のヒストグラムのように、縦軸の目盛を確率で表現するやり方は、どんなグループにも応用できます。この章で、50個の値から作ったヒストグラムが43ページに描いてありましたが、それを縦軸の目盛を確率にして表現すると右の図のようになります。確率に直すには、たとえば、21〜30のクラスには16個の値がありますので、21〜30のクラスの柱の高さを

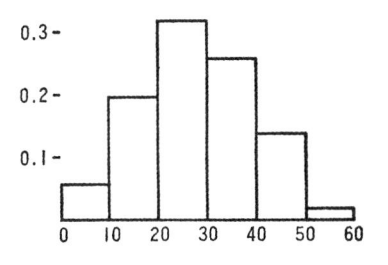

$$\frac{16}{50} = 0.32$$

とすればよいのです．この50個のグループから，でたらめにひょいと1つの値をとり出したとき，その値が，21〜30のクラスに属している確率は0.32である，ということです．

離散型と連続型

サイコロの目の数の分布(53ページ)では，6本の柱が並んで立っていました．また，「10個のサイコロのつかみ投げ」で⊡が出る個数の分布(前ページ)では，高いのや低いのを取りまぜて7本の柱が立っており，本当は，そのほかにも4本の柱があるはずなのですが，低すぎて肉眼では見えないのでした．いずれも，それらの柱の高さをぜんぶ足し合わせると，ちょうど1になります．

この2つの分布の形には，実は，重要な共通点があります．それは横軸の値が，とびとびの値でしかありえないということです．サイコロの目の数は，必ず，1か2か3か4か5か6かのどれかであって，決して1.5であったり，3.1416であったりすることはありません．10個のサイコロを投げたとき⊡の個数は，0，1，2，……，8，9，10個のどれかであって，5.5個とか9.9個とかいうしゃれたまねは，どんなに器用なサイコロでもぜったいにできません．

このように，とびとびの値しか現われる可能性がないような分布を**離散型の分布**と呼んでいます．離散型分布の中で，統計理論にもっとも使われているのは，二項分布です．この本の中でも，「10個のサイコロのつかみ投げ」ですでに顔を出していますが，今後もちょいちょ

3 ばらつきのスタイル

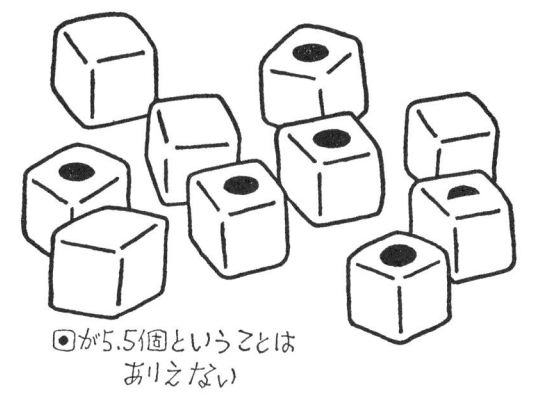

⦿が5.5個ということは
ありえない

いお世話にならなければなりません．めったに起こらないことがら，すなわち，53ページの$P(r)$の式でpが非常に小さいことがらを相手にするときは，二項分布の代用としてポアソン分布が使われますが，これも離散型の分布です．このほか，幾何分布や超幾何分布というような離散型の分布もあります．離散型の分布については，またも売り込むようで恐縮ですが，姉妹編の『確率のはなし』のほうに詳しく書いてありますので，そちらをご参照ください．

　さて，私達が取り扱う値のグループは，いつも，とびとびの値しか存在しない離散型の分布であるとはかぎりません．この章のはじめのほうで，私達は50個の値のグループを取り扱って，ヒストグラムを描いてみました．この50個の値は，すべて正の整数で，45.73というようなはんぱな値は1つもありませんでした．その限りでは，この50個の値は1の倍数でとびとびの値しかとらないという意味で，離散型の分布であるということができます．しかし，そのとき，このグループの値は，たまたま同じ電車に乗り合わせた50人の乗客の年齢であると考えてもよい，と書いてあったのを思い出してください．一

体，年齢などというものは，本質的に離散型の分布にしたがうものなのでしょうか．そんなばかなことはありません．ふつうは，簡単にするために，端数を切り捨てて，1年を単位にして年齢を表わしてはいますが，本質的には，5歳の子供は，5歳と1カ月，5歳と2カ月，5歳2カ月と13日というように無数の段階を通過して6歳に成長するわけです．したがって，年齢は，どんなはんぱな値でもとりうるはずです．同じように，簡単にするために，4捨5入をしたり切り捨てたりして，cmやmmやkgを単位として，一見，とびとびの値で表わされているように見えるけれど，よく考えてみると，本質的には決してとびとびではなく，連続したどんな値にもなりうるといった性格の量はいくらでもあります．身長，体重，卵の重さ，気温，100 mを走るのに要する時間，米粒の大きさ，騒音の大きさ……，いくらでもあります．このような，連続した値のどれもが現われる可能性のある分布を連続型の分布といいます．

下の図は，日本の成年男子の身長の分布です．横軸が身長で縦軸はいろいろな身長の人達がどのくらい多いかという割合を表わしています．さきほどの離散型分布の2つの例——サイコロの目の出かたを表わした一様分布と，10個のサイコロのつかみ投げで⊡が出る個数の分布を表わした二項分布——で，確率の総和が1であり，したがって柱の高さの総和が1であったように，連続型の分布では，その図形の面積がちょうど1になるように縦軸の目盛を定めます．身長の分布のように，横軸の目盛がcmであると，図形の面積が無名数

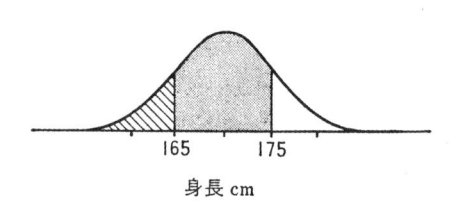

の 1 であるためには，縦軸の目盛は 1/cm ということになって，何のことかよくわからないのですが，本質的に重要なことは，図形の面積が 1 であることなので，縦軸の目盛の意味は気にしないことにします．そして，この図形の曲線では，縦軸方向の相対的な高さだけに意味があると考えます．つまり，身長が 155 cm の人よりは 165 cm の人のほうが多く，一番多いのは 170 cm ぐらいの人で，170 cm ぐらいの人は 160 cm ぐらいの人の 8〜9 倍も多いのだ，というように，この曲線を読むわけです．

図形の面積が 1 にしてあるので，いろいろと便利なことがわかります．もう一度，図を見てください．図で斜線をひいてある部分の面積は，約 0.2 なのですが，165 cm より小さい人達の，全体の人数に対する割合を表わしています．いいかえれば，165 cm より小さい人達の数は，全体の約 20 ％ だということです．もっと別の言い方をすると，日本の成年男子の中から，でたらめに 1 人を選びだしたとすると，その人の身長が 165 cm より小さい確率は約 20 ％ だということになります．

同じように，図でうすく色がぬってある部分の面積は，165 cm より大きく 175 cm より小さい人達の全体に対する割合を表わしています．この面積は約 0.6 なので，日本の成年男子の約 6 割は，165 cm と 175 cm の間の大きさだということがわかります．

このような図形の曲線は，**確率密度曲線**と呼ばれています．'密度' という言葉は，ぎっしりとつまっている程度，すなわち，つまりぐあいを表わしていますが，この図形の縦軸の目盛は，確率のつまりぐあいの大きさを表わしているからです．

クイズ

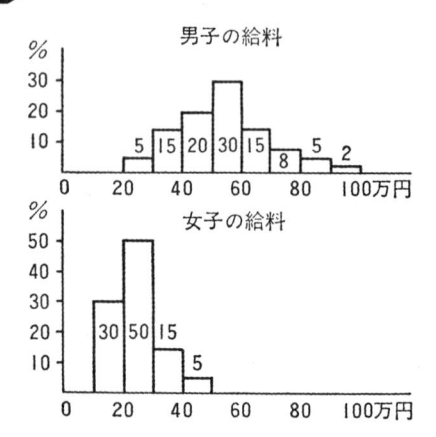

男子の給料

区間(万円)	20-30	30-40	40-50	50-60	60-70	70-80	80-90	90-100
%	5	15	20	30	15	8	5	2

女子の給料

区間(万円)	10-20	20-30	30-40	40-50
%	30	50	15	5

ある会社の男子従業員の給料を調べたら,上の図のような分布をしていました.また,女子従業員の給料は,下の図のような分布です.男子も女子もいっしょにした会社全員の給料は,どんな分布をしているでしょうか.ただし,この会社の2/3は男子で,1/3は女子です.

(答は ☞ 281ページ)

4 ばらつきの法則
正規分布のはなし

正規分布はよい分布

連続型の分布の中で,もっとも有名なのは**正規分布**です.正規分布は,図のように,左右対称で,なめらかな美しい山形をしています.この曲線は,**誤差曲線**と呼ばれることが少なくありません.ある寸法を目標にして何かを作るとき,ちょっとした手のはずみなどで,目標の寸法よりわずかばかり大きくなってしまったり,場合によっては小さくできてしまったりする'誤差'が生ずるのですが,この誤差の大きさは,よく正規分布にしたがうことが知られているからです.物を作るときには,人によって,あるいは機械によって,目標より平均して大きめの物を作ったり,あるいは,小さめであった

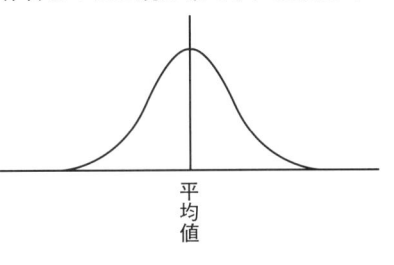

りするくせがありますので，誤差の平均値は0でないのがふつうですが，誤差の大きさは，その平均値を中心にして左右対称な正規分布にしたがうといわれています．

長さや重さを測るときにも，大きく測りすぎたり小さめに測ったりする'測定誤差'が生じますし，ある地点までボールを投げようとするとき，遠すぎたり近すぎたりするような'誤差'ができますが，このように，ある目標を過不足なく達成しようと努力しているとき生ずる誤差は，正規分布にしたがうものと考えてだいじょうぶです．人間の身長も正規分布で近似できるのですが，神様が人間を作るときに，ちょっとした手のはずみで身長に誤差が生じてしまったのかもしれません．このほか，平均値から極端にはずれたものはめったに生じないという種類の現象には，正規分布で近似できるものがたくさんあり，分布といえば，まず正規分布を考えるぐらい著名な分布です．

正規分布は，その分布にしたがうあるグループの平均値と標準偏差がわかっていれば，その分布に関するすべてがわかります．確率密度曲線は，平均値 μ のところでもっとも高くなり，平均値から右（＋側）へ標準偏差 σ だけ行ったところ，平均値から左（－側）へ σ だけ行ったところに，変曲点があります．変曲点というのは，曲線が右曲りから左曲りへ，あるいは，左曲りから右曲りへ変わる点のことです．そして，図に書き入れてあるように

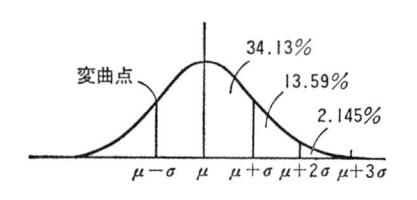

μ と $\mu+\sigma$ の間の面積は　　　34.13％

$\mu+\sigma$ と $\mu+2\sigma$ の間の面積は　　13.59％

4 ばらつきの法則

$\mu+2\sigma$ と $\mu+3\sigma$ の間の面積は　　2.145%

$\mu+3\sigma$ 以上の間の面積は　　0.135%

となっています．すなわち

$\mu\pm\sigma$ の間に　　68.26%

$\mu\pm2\sigma$ の間に　　95.44%

$\mu\pm3\sigma$ の間に　　99.73%

それ以外の間に　　0.27%

が含まれていることになります．たとえば，日本の成年男子の身長は，だいたい

平　　均　　170 cm

標準偏差　　6 cm

ですから，つぎの表のように 188 cm 以上の人はわずか 0.135% しかないはずですし，95.44% という多くの人達が 158 cm と 182 cm の間の身長であるはずです．

区　　　間	身長 cm	パーセンテージ			
$\mu+3\sigma$ 以上	188 以上	0.135			
$\mu+2\sigma\sim\mu+3\sigma$	182〜188	2.145			
$\mu+\sigma\sim\mu+2\sigma$	176〜182	13.59			
$\mu\sim\mu+\sigma$	170〜176	34.13	68.26	95.44	99.73	100
$-\sigma\sim\mu$	164〜170	34.13			
$\mu-2\sigma\sim\mu-\sigma$	158〜164	13.59			
$\mu-3\sigma\sim\mu-2\sigma$	152〜158	2.145			
$\mu-3\sigma$ 以下	152 以下	0.135			

正規分布は，このように平均値 μ と標準偏差 σ とが決まると，すべ

てが決まってしまうので,「平均値が μ, 標準偏差が σ である正規分布」を

$$N(\mu, \sigma^2)$$

と略記する習慣があります. N は Normal distribution (正規分布)の頭文字です. 標準偏差が σ なのですから, かっこの中に σ と書けばよさそうなものですが, なぜか σ^2 と書いてあります. 標準偏差の2乗, つまり σ^2 を**分散**といい, 数学的な取り扱いをするときには, 分散のほうが便利なことが多いので, かっこの中に σ^2 と書くのだと思っておいてください.

なお, ちょっとガクのあるところを……. μ はローマ字では m に相当するので mean (平均)の記号に, σ はローマ字では s に相当するので standard deviation (標準偏差)の記号に使われます. なぜギリシア文字が使われるかについては, あとでお話しします.

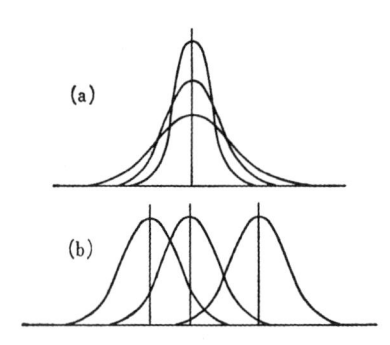

左の図の(a)は, μ が同じで σ がいろいろに変わったときの正規分布の形が書いてあります. どれも面積は1ですから, σ が大きくなって左右に広がると高さが低くなります. 図の(b)は, σ が同じで μ が変わったときです. 同じ形のまま, μ につれて左右へ移動しています.

正規分布を基準化する

　正規分布は，平均値と標準偏差がわかれば，すべてがわかる，と書きました．その一部は，日本の成年男子の身長がどの範囲にどのくらい含まれるかを計算した表として63ページに紹介しました．しかし，これだけでは，「すべてがわかる」とは言えません．平均値より大きく，175 cm より小さい人は何％でしょうか．横綱の武蔵丸は，191 cm あるそうですが，この人より大きな人は日本の成年男子の何％ぐらいいるのでしょうか．亡くなったプロレスラーのジャイアント・馬場は2m9cmもあったそうですが，これはどんなに珍しいことなのでしょうか．もしも千人に1人ぐらいの割でしかいない人を'変り者'とみなしてよいものなら，何cmより小さい人を'変り者'とみなしてよいのでしょうか．

　これらすべてにお答えするためには，日本の成年男子の身長について，細かい数表を作っておく必要があります．こういう数表を作ることは，さしてむずかしくありません．しかし，日本の成年男子の身長について数表を作っておくことが必要なら，成年女子の身長についても，小学校3年生の身長についても，3歳の幼児の身長についても，数表を作っておく必要があるかもしれません．身長ばかりではありません．わが社の某機械で作り出される釘の長さの誤差についても，A社製の胃腸薬の1錠に含まれる炭酸水素ナトリウムについても，金沢地方の1年間の雨量についても，たんちょう鶴の足の長さについても，かたっぱしから数表を作っておく必要がないとはいえません．しかし，こんな数表をかたっぱしから作っていてはどうしようもあり

すべてのことに
数表を作ってはきりがない

ません．そこで私達は，正規分布にしたがうものにならどんなものにでも，5歳だろうと17歳だろうとあるグループの身長にはもちろん，山形地方の1年間の雨量にも，ねずみのしっぽの長さにでも，どれにでも共通に使える形で数表を作っておかなければなりません．

それには，「正規分布は平均値と標準偏差によって決まる」という性質を利用してやります．つまり，平均値をある値に固定し，標準偏差をものさしにしてばらつきの大きさを表わしてやれば，数表は1つですむことになります．平均値はどの値に固定してもよいのですが，0に固定することにします．

次ページの図を見てください．3つの正規分布が描かれています．(a)は成年男子の身長で

4 ばらつきの法則   67

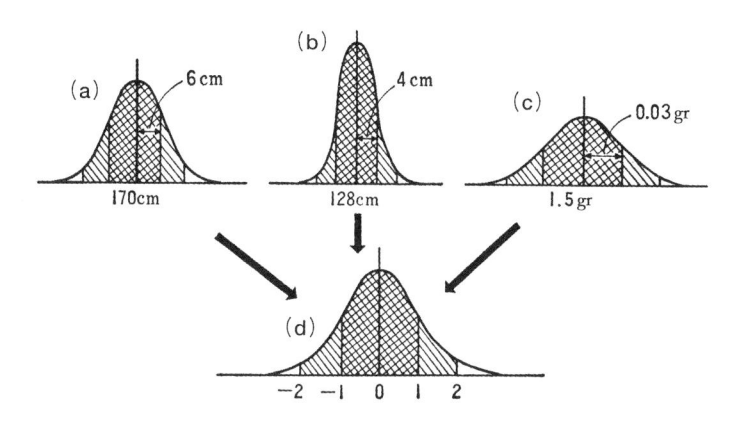

$N(170 \text{ cm}, (6 \text{ cm})^2)$

を表わし，(b)は小学3年生の身長で

$N(128 \text{ cm}, (4 \text{ cm})^2)$

を，また，(c)は胃腸薬に含まれる炭酸水素ナトリウムの量で

$N(1.5 \text{ gr}, (0.03 \text{ gr})^2)$

を表わしています．この3つの分布は，どれも正規分布なのですが，平均値も違うし標準偏差も異なります．(a)と(b)は横軸の単位がcmなのに(c)ではgr(グラム)と，単位まで異なります．けれども，ともに正規分布であるという共通点を利用して，1つの数表が使えるようにくふうできそうです．正規分布であるという共通の点は，平均値の両側に標準偏差だけの幅をとると，その幅の中の面積(図で2重斜線の部分)は0.6826であり，平均値の両側に標準偏差の2倍ずつの幅をとると，その面積は0.9544である，というように，平均値から標準偏差を単位としてある幅をとると，その範囲の面積がどんな正規分布の場合にも等しい値になる，ということです．

そこで，(d)のような正規分布を考えます．この正規分布は平均が0で標準偏差が 1 です．つまり

$N(0,\ 1^2)$

です．この正規分布と他の3つの正規分布とを比べてみてください．たとえば，(a)について考えてみます．そうすると，170 cmのところをかりに0とみなし，また，横軸の目盛を6 cmを単位にして書き直してやれば，(d)と全く同じものになることがわかります．つまり170 cmのところが0になり，176 cmのところが 1 に，182 cmのところが2に，また，164 cmのところが −1 になるわけです．したがって，(d)の正規分布，すなわち

$N(0,\ 1^2)$

についての詳しい数表があれば，(a)の図形のどの部分の面積もわかることになります．(b)の場合も，(c)の場合も全く同じことで

$N(0,\ 1^2)$

の数表がありさえすれば，所望の範囲の面積を知ることができます．いいかえれば，その正規分布に属するグループの中から，1つの値をとり出したとき，その値が所望の範囲にある確率を知ることができるわけです．

$N(0,\ 1^2)$

は**基準化した正規分布**などと呼ばれており，この正規分布についての数表は，統計の本なら必ず付いています．この本にも巻末に数表が付けてありますが，その一部を

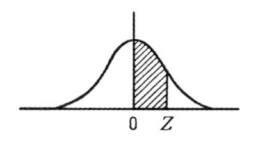

Z	斜線部の面積
0	0
0.5	0.1915
1.0	0.3413
1.5	0.4332
2.0	0.4773
2.5	0.4938
3.0	0.4987

4 ばらつきの法則

左の表に書いてあります.表の数字は,0からZまでの範囲に含まれる面積を表わしています.0から1の間に0.3413の面積があるということが読みとれますが,これが62ページあたりで,平均値から右側へちょうど標準偏差だけの範囲をとると,その間の面積が34.13%である,と書いてあったのと同じことを意味しています.

ところで,正規分布の数表にはいくつかの表わし方があります.代表的な4種の表わし方を書いておきました.(イ)は前ページの数表の場合で,0からZまでの範囲の面積を表わしていますので,Zは正の値だけであり,Zが大きくなると面積は,0.5に近づきます.分布の

Z	(イ)	(ロ)	(ハ)	(ニ)
$-\infty$			0	1.0000
-3.0			0.0013	0.9987
-2.5			0.0062	0.9938
-2.0			0.0227	0.9773
-1.5			0.0668	0.9332
-1.0			0.1587	0.8413
-0.5			0.3085	0.6915
0	0	0	0.5000	0.5000
0.5	0.1915	0.3829	0.6915	0.3085
1.0	0.3413	0.6827	0.8413	0.1587
1.5	0.4332	0.8664	0.9332	0.0668
2.0	0.4773	0.9545	0.9773	0.0227
2.5	0.4938	0.9876	0.9938	0.0062
3.0	0.4987	0.9973	0.9987	0.0013
∞	0.5000	1.0000	1.0000	0

図形の全面積が1であることを思い起こしてください．(ロ)は，Zの値に対応して，$-Z$から$+Z$までの範囲の面積です．(イ)のちょうど2倍になっているのは当然です．(ハ)はZに対して，Zより左側の面積を表わしています．(イ)より0.5だけ多いのももっともです．(ニ)は，Zより右側の面積ですから，(ハ)の値を1から差し引いた値になっています．どの表わし方も，それぞれ特色をもっていて，それぞれの目的に適するようになっていますが，どれか1つが手元にありさえすれば，他の表わし方は，0.5を加えたり，1から引いたりして容易に作り出すことができます．

気の毒なのっぽ氏は何パーセントか

日本の木造家屋では，かもいの高さは179 cm ぐらいが標準です．きっと，昔はこの高さで十分だったのでしょうが，体位が向上した今日では，うっかりするとかもいに頭をぶつける'のっぽ'がまれではありません．日本の成年男子の身長が

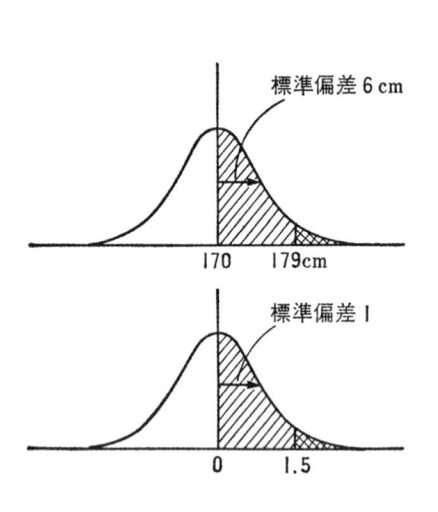

$N(170 \text{ cm}, (6 \text{ cm})^2)$

にしたがうとすると，かもいに頭がぶつかる気の毒なのっぽ氏は何％ぐらいいるかんじょうになるでしょう

4 ばらつきの法則

か.

なんでもない問題ですが,なんでもある方は左の図をごらんください.成年男子の身長は上の図のように170 cmを平均値とし,6 cmを標準偏差として分布しています.私達が知りたいのは,この分布で179 cmより大きい部分の面積,つまり2重斜線部の面積です.これを基準化した正規分布に置き換えてみると下の図のようになります.170 cmと179 cmとの間は,9 cmあるのですが,これを標準偏差の6 cmを単位として測ると1.5になるからです.式で書けば

$$\frac{179 \text{ cm} - 170 \text{ cm}}{6 \text{ cm}} = 1.5$$

ということです.基準化した正規分布に置き換えれば,あとは簡単です.巻末の数表を見ていただいても69ページの表を見ていただいても同じことです.これらの数表で$Z = 1.5$のところの値をみると0.4332となっていますが,この値は,0からZの間の面積,すなわち斜線部の面積を表わしていることに注意してください.正規分布の図形の右半分の面積は0.5ですから,私達の知りたい2重斜線部の面積は

$$0.5 - 0.4332 = 0.0668 = 6.68\%$$

ということになります.すなわち,かもいに頭がぶつかる気の毒なのっぽ氏は,成年男子の6.68%だということがわかりました.

6.68%に含まれるのっぽ氏は,のっぽに生まれついたのが身の不運とあきらめて,部屋の入口で首をすくめていただいているわけですが,気の毒なのっぽ氏の数を1%に減らすとしたら,かもいの高さをいくらにしたらよいでしょうか.今度の問題は,さっきと手順が逆です.次ページの図を見るとわかるように,私達が知りたいのは2重斜線部の面積が0.01になるようなZの値と,そのZを身長に換算したx cm

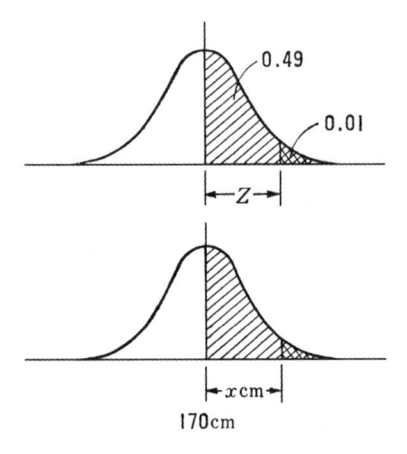

とです．まず，数表を引きます．巻末の正規分布の数表の中で，0.49にもっとも近い値を探すと0.4901というのがあって，それはZが2.33のところです．すなわち，平均値から右側へ標準偏差の2.33倍だけいくと，それよりもっと右側の面積が0.01になるということです．したがって，標準偏差は6 cmですから

$$x \text{ cm} = 6 \text{ cm} \times 2.33 \fallingdotseq 14 \text{ cm}$$

となります．かもいの高さが

$$170 \text{ cm} + 14 \text{ cm} = 184 \text{ cm}$$

であれば，気の毒なのっぽ氏の数は1％に減る，ということがこれでわかりました．

不良率を最小にするには

工場で作られる製品には，大きすぎても小さすぎてもいけない，というものが多く，そういう製品では，製品が検査に合格する上限と下限とを決めています．たとえば，某社のインスタント・ラーメンの1袋は

$$92 グラム \sim 94 グラム$$

の間が合格と決められていますし，ある種の針金の直径は

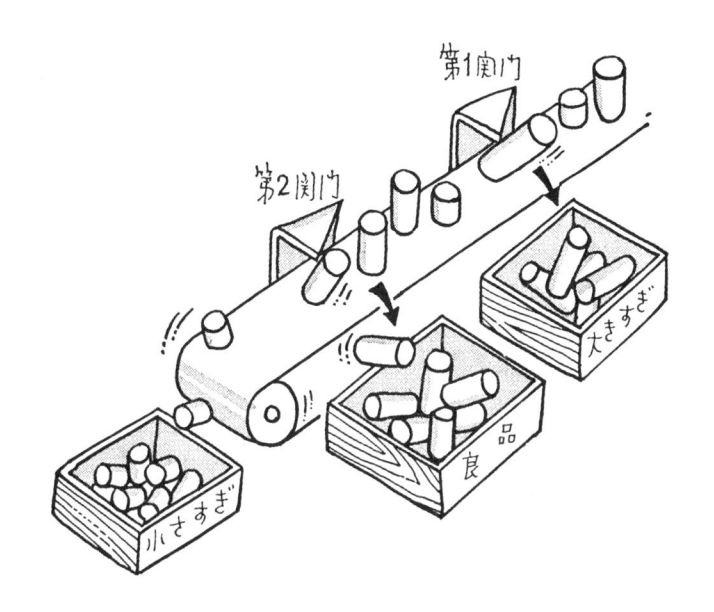

4 ばらつきの法則

1 ± 0.02 mm

すなわち

0.98 mm ~ 1.02 mm

の間が合格と決められているというぐあいです．ある会社の自動機械で作り出されるある製品の高さは

50 ± 1 mm

が合格範囲なのですが，その高さを上の図のような原理によって自動的に不良品をより分けています．ベルトコンベアで流れてくる製品は，まず第1関門を通ります．この関門は，高さが51 mmに作られていますので，51 mmより大きな不良品は関門にひっかかって，ころがり落ち，'大きすぎ' の箱にはいります．第1関門を無事に通過した

製品を待ちかまえているのは，第2関門です．第2関門の高さは49mmですから，良品ならばこれにひっかからなければなりません．つまり，第1関門を通過し，第2関門でひっかかった製品が良品です．第2関門を無事通過してしまうちんちくりんの製品は'小さすぎ'の箱に落ち込みます．

さて，あるとき，不良の発生のぐあいを調べてみたら

　　　　大きすぎ　10.2％
　　　　小さすぎ　0.4％

という結果が得られました．対策やいかに，というのが問題です．

この例のように，機械で作り出される製品の誤差は，正規分布にしたがうと考えてだいじょうぶです．そして，一般には，その平均値は比較的簡単に動かすことができます．刃物で削っているなら，刃物の位置を少し動かしてやれば平均値は容易に変えることができますし，ある量を測りながらびんに詰めているような仕事なら，測りの目盛を動かしてやることによって測られる量の平均値は移動します．これに対して，ばらつきを小さくしてやることは，あまり簡単ではありません．たいていの場合，ばらつきの大きさは機械の精度や作業者の熟練によることが多いので，よい精度の機械は高価で入手が容易ではありませんし，作業員の熟練も一朝一夕で得られるものではないからです．そこで私達は，まず平均値を移動させることによって，不良率を減らすことを考えねばなりません．

正規分布は，左右対称の山の形をしています．ですから，次の図のように一定の幅の間に含まれる面積をもっとも大きくしようとするならば，その幅の中心が平均値のところへくるようにすればよいことになります．一定の幅のままで右へ動いても左へ動いても面積の減少分

4 ばらつきの法則

のほうが増加分より大きいので,一定の幅の間に含まれる面積は小さくなるからです.

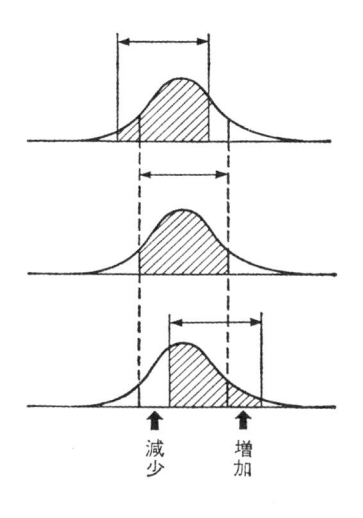

すなわち,ばらつきの大きさが変えられないならば,不良率を少なくし合格率を高めるためには,'大きすぎ'と'小さすぎ'が同じになるように平均値を動かしてやるのが得策だということになります.私達に与えられた問題を整理すると,合格範囲が

50 ± 1 mm

の製品を作っているとき

大きすぎが　10.2%

小さすぎが　0.4%

であるならば,明らかに大きく作られすぎているのですから,平均値を何mmだけ小さくしてやればいいだろうか,とことになります.

一定の幅を,分布の中央にとるとき,面積が最大になる

下の図を見ながら問題を解いていきましょう.まず,大きすぎが10.2%ということは,右すその2重斜線の面積が0.102ということですから,斜線の部分は0.398です.0.398の面積に相当するZ_1の値を数表から求めると

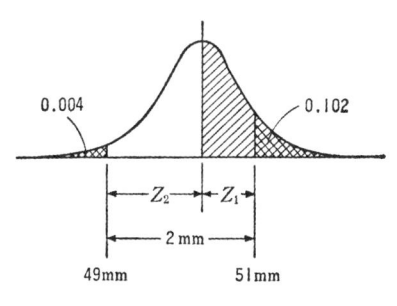

$Z_1 = 1.27$

となります．つぎは，小さすぎの0.004からZ_2を求める作業です．正規分布は左右が対称ですから，右側でも左側でも同じように数表を使うことができて，斜線のない部分の面積0.496に相当するZ_2が

$Z_2 = 2.65$

と求められます．これらの値はいずれも標準偏差を単位として測った大きさであることを思い出しておいてください．すなわち，Z_1とZ_2とを加えた値が，この製品では，2 mmをこの製品の標準偏差σで割った値なのですから

$$\frac{2\,\mathrm{mm}}{\sigma} = 1.27 + 2.65$$

となり，この製品のばらつきは

$\sigma = 0.51\,\mathrm{mm}$

となっているはずです．

さて私達は，49 mmと51 mmのちょうど中央の値50 mmへ製品の平均値を移動させようとしているのでした．それには，Z_1とZ_2とが等しくなるように割りふってやればよいわけです．

$Z_1 + Z_2 = 1.27 + 2.65 = 3.92$

ですから，その半分1.96ずつ左右に分かれるようにすることになります．現在のZ_1は1.27ですから

$1.96 - 1.27 = 0.69$

だけ平均値を下げてやることにします．もちろんσを単位としてです．σは，すでに0.51 mmと求めてありますから，平均値の移動量は

$0.69 \times 0.51\,\mathrm{mm} \fallingdotseq 0.35\,\mathrm{mm}$

です．したがって，製作のばらつきを減らしてやらなくても，刃物の

4 ばらつきの法則

位置を0.35 mmずらすとかして,製品の寸法の平均値を0.35 mmだけ小さくしてやれば,不良率は最少になることがわかりました.

平均値を0.35 mmだけ小さくしたら,不良率はいくらになるでしょうか.誤差を左右へ振り分けるなら,合格範囲は標準偏差を単位として±1.96であると前ページに書いてあります.数表で調べてみてください.Zが1.96なら,大きいほうの不良率も小さいほうの不良率も0.025になっているはずです.両側の不良を合わせて,不良率は0.05すなわち5%になりました.平均値を動かす前の不良率が両側を合わせて10.6%であったことを思えば,ばんばんざいです.

なお,±1.96σからはみ出す面積は0.05です.いいかえれば,±1.96σの間に95%の面積が占められています.実は,統計では,95%という値をよく使いますので,'1.96'を覚えておくと便利です.めんどうなら'2'と覚えてもたいした誤差はありません.

女性が大きいペアのパーセント

正規分布について,いろいろな性質を調べ,その利用方法を練習してきました.これだけでも日常の問題に現われる正規分布は気軽にかわいがってやることができます.この節は,正規分布の神様になるためのしめくくりです.

つぎのような問題を考えてみます.ここに,若い男のグループがあるとします.別に若くなくてもよいのですが…….それから,もう一つ,若い女のグループもあります.こちらは若くないと話しがつまりません.さて,若い男のグループから,とある1人が進み出ます.若い女のグループからも,でたらめに1人が選び出されます.そして,

若い男女の1組ができます．2人はそこで何をしようというのでしょうか．2人はそこで身長を測られます．そして

　　　若い男の身長－若い女の身長

というデータが1つ記録されます．多くの場合，男の身長のほうが大きいでしょうから，このデータは，たいていプラスの値になります．たまには，女性のほうが大きくて，マイナスの値になることがあるかもしれません．とにかく，1つのデータが記録されます．そうしたら，2人はご用ずみで，もとのグループに戻してしまいます．何とつまらないこと……．

再び男のグループと女のグループから1人ずつがでたらめに選ばれて，身長の差のデータが記録されるというつまらない行事が行なわれます．それから，もう1組，またもやもう1組……．つまらない行事を何べんもくり返しているうちに，身長の差のデータばかりが，どんどん増えていきます．

　　　11.5　8.7　15.6　4.0　－2.4　7.8　10.2　……

こういうデータをたくさん集めて，これをヒストグラムに描いてみたら，どんな形になるでしょうか．男のほうが10 cmとか11 cmぐらい大きいことが多そうです．男のほうが大きいといっても，30 cmも大きいことはあまりなさそうです．女のほうが大きくてデータがマイナスになることもありそうですが，－10 cmなどという大きなマイナスはあまりないように思われます．そうすると，ヒストグラムは，やはり中央が高く，両側が低い山の形になりそうです．もしかしたら，正規分布になるのでは……．そうです．正規分布になるのです．

　一般に，2つの正規分布

　　　$N(\mu_1, \sigma_1^2)$

4 ばらつきの法則

$N(\mu_2, \sigma_2^2)$

があるとき,両方の正規分布から1つずつの値をとり出して

$N(\mu_1, \sigma_1^2)$ からとり出された値

$- N(\mu_2, \sigma_2^2)$ からとり出された値

という新しい値を作ることをくり返すと,この新しい値は,新しい正規分布のグループを構成し,その正規分布は

$N(\mu_1 - \mu_2, \sigma_1^2 + \sigma_2^2)$

になることが知られています.また

$N(\mu_1, \sigma_1^2)$ からとり出された値

$+ N(\mu_2, \sigma_2^2)$ からとり出された値

という新しい値は

$N(\mu_1 + \mu_2, \sigma_1^2 + \sigma_2^2)$

という新しい正規分布を構成することもわかっています.こういう性質を正規分布の**加法性**と呼んでいます.

さて,若い男女のいろ気のない物語りに話を戻します.男のグルー

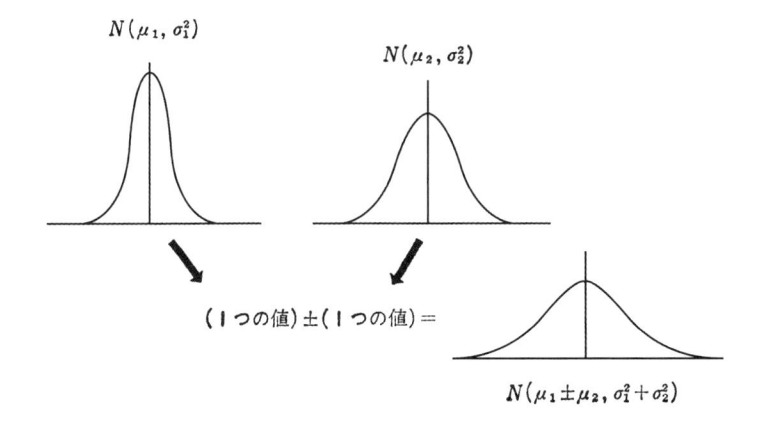

プの身長は

$$N(170 \text{ cm}, (6 \text{ cm})^2)$$

にしたがい，女性のグループの身長は

$$N(158 \text{ cm}, (5 \text{ cm})^2)$$

にしたがうとします．そうすると，男女の身長の差は

$$N(170 \text{ cm} - 158 \text{ cm}, (6 \text{ cm})^2 + (5 \text{ cm})^2)$$

の正規分布にしたがいます．すなわち，平均値は

$$170 \text{ cm} - 158 \text{ cm} = 12 \text{ cm}$$

ですし，標準偏差は

$$\sqrt{(6 \text{ cm})^2 + (5 \text{ cm})^2} = 7.8 \text{ cm}$$

になることがわかりました．

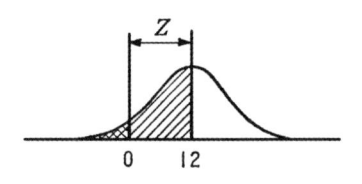

この結果から，もし，若い男女が相手の身長に対する選択を許されていないならば，何%ぐらいが女性のほうが大きいペアになるかを調べてみます．平均値が12 cmで標準偏差が7.8 cmの正規分布を図に描くと，左のようになります．左のすそのほうは，マイナスの範囲まで広がっています．男の身長から女の身長を引いた値がマイナスだというのですから，2重斜線をつけたこの範囲が，女性のほうが大きいペアのパーセンテージを表わしていることになります．12 cmの幅を標準偏差7.8 cmを単位にして測ると

$$Z = \frac{12 \text{ cm}}{7.8 \text{ cm}} = 1.54$$

になりますから，数表から斜線部の面積が0.4382であることがわかり，

それを0.5から差し引いて，2重斜線部の面積が0.0618であることがわかります．すなわち，女性のほうが大きいペアが約6％はあるはずです．

現実に，妻のほうが大きい夫婦がどのくらいあるかを調べたことはありませんが，ぐるりと周囲を見回しても，6％はないようです．きっと，男性は，自分より小さい女性を選び，女性は自分より大きい男性を選びたいという希望が，そのような夫婦の数を減らしているのでしょう．確率の法則に反してみんなが勝手な希望を出せば，そのしわよせで，どこかがつじつまが合わなくなり，妻のほうが極端に大きな夫婦がどこかにできてもよさそうなものですが……．

二項分布を正規分布で近似する

前の章で10個のサイコロを投げたとき⊡が1個も出ない確率，1個だけ出る確率，2個だけ出る確率，……は二項分布で表わされるとお話しし，その計算の実例をお目にかけました．そしてその結果を55ページでヒストグラムに描いてみたところ，7本の柱と肉眼では見えない4本の柱になったのでした．このヒストグラムは左右対称ではありません．二項分布では，左右が対称にならないのがふつうです．左右が対称になるのは，着目している事象が起こる確率がちょうど1/2の場合だけです．つまり，二項分布の式で，$p=0.5$の場合だけに限られています．

次に，10円玉を10枚投げたとき，表が0枚の確率，1枚の確率，2枚の確率，……を計算してヒストグラムに描いてみました（次ページ）．10円玉の表が出る確率は0.5なので，左右対称な形になっています．

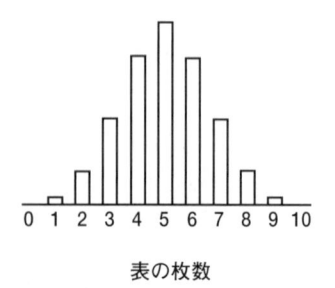

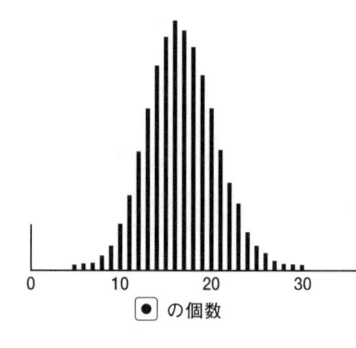

ところが、下の図をごらんください．これは、100個のサイコロを投げたとき——1個のサイコロを100回投げても同じことですが——そのうち⚀が出る個数とその確率をヒストグラムにしたものです．⚀が出る確率は1/6で、1/2ではないにもかかわらず、左右対称に近い形をしています．左右対称であるばかりでなく、柱の頂上を連ねてみると、正規分布によく似ているではありませんか．実は、そのとおりなのです．二項分布では、$p = 0.5$の場合にはもちろん、pが0.5でなくても、くり返しの回数が大きくなると、ヒストグラムの形は正規分布に近づいてきます．数学的には、二項分布の式でnをどんどん大きくしていった極限の姿として、正規分布の式が作り出されることが知られています．

さて、100個のサイコロをふったとき、⚀が何個か出る確率を二項分布の式で計算してみます．

$$⚀が0個の確率 = {}_{100}C_0 \left(\frac{1}{6}\right)^0 \left(\frac{5}{6}\right)^{100} = ?$$

$$⚀が1個の確率 = {}_{100}C_1 \left(\frac{1}{6}\right)^1 \left(\frac{5}{6}\right)^{99} = ?$$

4 ばらつきの法則

⊡が2個の確率 $= {}_{100}C_2 \left(\dfrac{1}{6}\right)^2 \left(\dfrac{5}{6}\right)^{98} = ?$

……… （中略） ………

⊡が15個の確率 $= {}_{100}C_{15} \left(\dfrac{1}{6}\right)^{15} \left(\dfrac{5}{6}\right)^{85} = 0.054$

……… （後略） ………

さあ，めんどうなことになりました．この計算をやりとげるには，根気と忍耐とが必要です．よほどこまめな人でないと途中でいやになってしまいます．こういう計算をおっくうがらずにやる人のことを信州では「ずくのある人だなあ」といいます．5/6の85乗という値の計算は，対数が使える人にはそれほど手ごわい計算ではありませんが，${}_{100}C_{15}$の値は，53ページの式から計算するので，まったくずくのいる仕事です．ずくがあるのは美徳のひとつかも知れませんが，なるべくなら，もっと楽な方法を考えるほうがとくです．

nが大きいとき，二項分布はつぎの正規分布で代用できることが知られています．

$$N(np,\ np(1-p))$$

たとえば，100個のサイコロをふったとき⊡の個数に着目すれば

$$n = 100$$

$$p = \dfrac{1}{6}$$

ですから

$$N\left(100 \times \dfrac{1}{6},\ 100 \times \dfrac{1}{6} \times \dfrac{5}{6}\right)$$

$$\fallingdotseq N(16.7,\ 13.9) = N(16.7,\ 3.7^2)$$

の正規分布で代用してさしつかえないということです．すなわち前ページのヒストグラムは平均16.7，標準偏差3.7の正規分布とみなしてよいことになります．

この代用品は，具体的にはつぎのように使えます．100個のサイコロを投げたとき，⊡が10個以下である確率を計算してみましょう．10個は'以下'のほうにはいり，11個は'以下'にはいりませんから，下図のようにヒストグラムの10個と11個の間に境界があるはずです．ですから，10.5のところを境界と考えます．もっと気のきいた境界の決め方がありそうですが，あまりむずかしいことは考えないことにします．そうすれば，あとは簡単です．図で10.5から左のすそのほうへはみ出した面積が求める確率です．平均値16.7から境界10.5までのへだたりは6.2です．6.2は標準偏差3.7を単位とすれば1.67です．ですから斜線部の面積は，正規分布の数表の1.67を引けば求められ，0.4525となります．したがって，10.5以下の面積，つまり⊡が10個以下の確率は

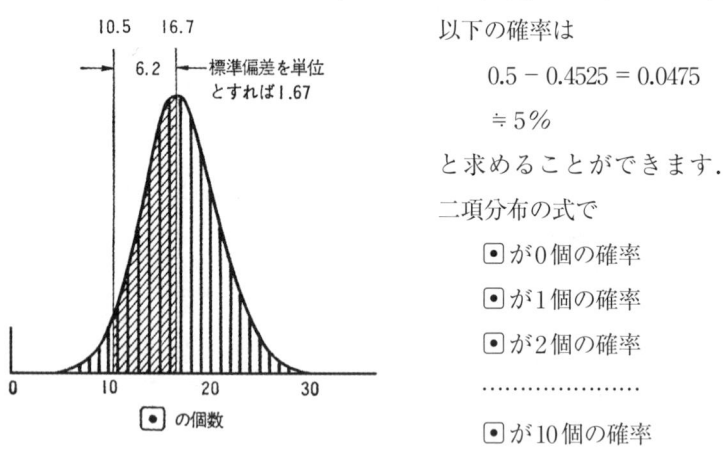

$$0.5 - 0.4525 = 0.0475$$
$$\fallingdotseq 5\%$$

と求めることができます．

二項分布の式で

⊡ が0個の確率

⊡ が1個の確率

⊡ が2個の確率

……………………

⊡ が10個の確率

をぜんぶ計算して，それを総計する手数に比べれば，まったく何もや

らないうちに答が出てしまったようなものです．

蛇の足を描く

これから先は，この本の目的からいうと蛇に足を描いていることになります．蛇足なら書かなければ良さそうなものですが，それでも書いておくところに私の悲しい妥協があります．

正規分布の式は，横軸をxとし，縦軸をyとすると，

$$y = \frac{1}{\sqrt{2\pi}\,\sigma} e^{-\frac{(x-\mu)^2}{2\sigma^2}}$$

というむずかしい形をしています．ここでμは相加平均，σは標準偏差を表わし，eは'自然対数の底'と呼ばれる定数で約2.72です．底は'そこ'と読まずに'てい'と読みます．

正規分布の式を基準化するには，平均値をμだけ移動して0に移し，0からのへだたりを標準偏差を単位として表わすのでした．ですから，xからμを引いて平均値を0に移し，さらにそれでも残っているへだたりの大きさをσで割って，その大きさの分布を作ってやればよいわけです．そのためには

$$Z = \frac{x-\mu}{\sigma}$$

としてやります．これを，正規分布の式でeの右肩にくっついたところに代入すると

$$y = \frac{1}{\sqrt{2\pi}\,\sigma} e^{-\frac{Z^2}{2}}$$

となります．ところが，このままでは，σで割った値を使っているた

めに，面積が 1 にならず，$1/\sigma$ になってしまいます．そこで，e の左下にある σ を取り去って全体を σ 倍し面積を1にしてやると

$$y = \frac{1}{\sqrt{2\pi}} e^{-\frac{Z^2}{2}}$$

という形になります．これが基準化された正規分布の式です．

この式は正規曲線の縦軸方向の値です．この値は，それ自体に意味があって，専門家には必要な値なのですが，私達にはあまり関係がありません．私達にとって必要なのは，図形の中の面積です．0から Z までの間に含まれる面積は

$$\frac{1}{\sqrt{2\pi}} \int_0^Z e^{-\frac{Z^2}{2}} dZ$$

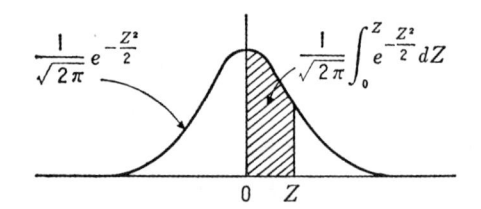

というおっかない形で表わされます．

ところで，この式の形を覚えていても，手元に数表がないと，必要な部分の面積を計算で求めることは，ふつうの方にはできません．反対に，正規分布の数表さえ手元にあれば，この式の形は知らなくても必要な数値を見出すことが誰にでもできます．ですから，正規分布を実用する立場からいえば，こんな数式はくそくらえ，です．ちょっと，いいすぎでしょうか．

4 ばらつきの法則

> **クイズ**
>
> 　私達が小学生の頃には，学校の成績表は，甲，乙，丙，丁，戊の5段階があり，甲は優秀，乙は普通，丙は悪い，丁は劣等，戊に至っては論外，というような意味で，乙ばかりが並んだ通称「あひるの行列」が十人並の成績だったと記憶しています．いまでは，これが，5，4，3，2，1の5段階に変わってしまい，
>
> 　　　　5 はクラスの　 7％
> 　　　　4 はクラスの　24％
> 　　　　3 はクラスの　38％
> 　　　　2 はクラスの　24％
> 　　　　1 はクラスの　 7％
>
> と割り当てがきまっています．これは，人間の能力は正規分布にしたがうという考えに基づいているのでしょうか．これらの％は，何を意味しているのでしょうか．　　　　　　　（答は ☞ 282ページ）

ひとやすみ

5 見本で全体を推定する
その1．標準偏差がわかっているとき

見本で全体を推定するのが推計学

この本の最初の章で，'母集団'と'標本'という用語が紹介されていたのを覚えている方もあるでしょう．私達が調査の対象と考えている集団を母集団といい，母集団の性質を調べるためにとり出したサンプルを標本というのでした．

母集団には，母集団を構成しているメンバーの数が有限の場合と無限の場合とがあります．1クラスの50人に数学のテストをしたとすると，50個の点数が集まります．この50個の値のグループを調査の対象とすれば，メンバーの数は50個なので有限です．日本人の体重を調査の対象と考えると，メンバーの数は1億もあるのですが，いくら1億でも有限であることに変わりはありません．このように，母集団の構成メンバーの数に限りがあるとき，この母集団を**有限母集団**といいます．

これに対して，無限の構成メンバーを対象として調査することもあ

ります．たとえば，ある長さのものを作り出すとき，長さが定められた値より長くなったり短くなったりする製作誤差を考慮の対象にしてみましょう．作り出される製品は必ず誤差を持っていますから，100個の製品が作られれば100個の誤差の値が，1000個の製品が作られれば1000個の誤差の値が存在することになります．その100個なり，1000個なりに限定された誤差の値を考慮の対象とするのであれば，製作誤差の集団は有限母集団ということになります．けれども，私達がふつう製作誤差について考えるときには，100個とか1000個とかに限定して誤差の発生の仕方を考えているわけではありません．とくになん個ということは考えないで，無制限にくり返される製作につれて発生する誤差について，その分布の形や平均や標準偏差について考えています．つまり，頭の中で，無限にたくさん存在しうる値を想定して理くつをたてているわけです．こういう考え方は，第3章でサイコロの⊡が出る確率は，無限回サイコロをふったとき⊡が出た割合が1/6になるのだ，と考えたのと同じことです．

　製作誤差とか測定誤差とかばかりではありません．毎年の雨量はどういう分布をするだろうか，とか，電球の寿命は平均してどのくらいなのだろうか，とかを考えるときには，いくらでもデータが存在しうるものとして考えていることに気がつくでしょう．無限にデータが存在しうると考えられるような母集団は，有限母集団に対して，**無限母集団**と呼ばれます．

　統計学では，有限母集団についても無限母集団についても，いろいろな理論が展開されています．しかし，有限母集団についての理論のほうが，無限母集団に関する理論よりずっとむつかしいのです．有限母集団では，その中から1つでも標本がとり出されると，残りの母集

団の性質が変わってしまいます。たとえば10個のグループから標本を1つとり出すと、残りの9個の平均値は、10個のときの平均値から、ほんのわずかにしても変化するのがふつうです。これが、無限母集団ですと、いくつ標本をとり出しても残りの母集団の性質は少しも変わりません。なにしろ、無限の値で構成されているので、有限の値が減っても、痛くもかゆくもないからです。ですから、無限母集団のほうが、ずっと単純に理論を展開できるわけです。

そこで、有限母集団であっても、母集団の数が適当に大きいときには、無限母集団として取り扱ってしまうのがふつうです。目的や条件によってもちがいますが、50〜100個以上もあれば、無限母集団としてしまってさしつかえありません。この本でも、これから、とくに断わらないで母集団といえば、それは、無限母集団をさすものだと思ってください。

見本で全体を推察する

さて、統計学のうち、推測統計学といわれる分野では、母集団ぜんぶを調べるかわりに、母集団からいくつかの標本をとり出して、標本の性質から母集団の性質を推理します。この推理が統計学のおもしろさです。この推理の論理性は、一度あじを覚えると、推理小説よりはるかにおもしろいものです。

5 見本で全体を推定する

　推理の理論が展開されるには，重要な前提が一つ必要です．犯罪のホシを推理するには，正確な情報が必要ですが，統計学でも，標本が正しくないと推理が狂ってしまいます．

　ところで，正しい標本とは何でしょうか．統計学でいう正しい標本とは，母集団の中から全く偶然だけによって選び出された標本をいいます．たとえば，ある教室に100人の学生がいるとします．この学生達の知的水準を調べたいのですが，100人ぜんぶを調べるのは手がかかるので，20人だけを調べて，学生達の知的水準を推察したいのです．どうやって20人を選び出したらよいでしょうか．

　前の方に腰かけている20人を選ぶのは望ましくありません．前の方には，どちらかというと積極的で勉強に自信のある学生が多く，全体よりは知的レベルの高い学生にかたよりすぎるかもしれないからです．では，身長の高いほうから20人を選ぶのはどうでしょうか．身体の発育と知能の発達には何か関係があるかもしれないので，やはり全体の知的水準をよく代弁してくれないかもしれません．こんなとき，20人の代表者は，全く偶然だけで選ばれなくてはなりません．全員にくじ引きをさせて当りくじをひいた人を選ぶのがよいのです．くじの代りにいくつかのサイコロを使ったりしてもかまいませんが，とにかく，人の意志がはいらないように偶然だけで選ぶ必要があります．

　ひょっとすると偶然のいたずらで，知力の低い学生ばかりが選ばれるかもしれません．また，その逆の可能性もあります．しかし，偶然のいたずらには規則性があります．その規則性は，統計学の中では十分に計算されています．そういう偶然のいたずらをちゃんと考えて，母集団の性質を推理してやろうというのが，推測統計学——略して，推計学です．

1つの見本で何がわかるか

　1箱のリンゴがあるとします．明治の初期のころのことですが，九州だったか中国地方だったかで，「リンゴ3個とリンゴ5個とで何個か」という問題が小学校の教科書にあって，先生が説明に困った話を，どこかで読んだことがあります．先生が足し算ができなかったのではなく，まだリンゴを見たことがなかったので，'リンゴ'を説明するのに困ったというのです．

　1箱の中に，リンゴがいくつはいっているかは，このさい，問題にしません．これからやろうとしているのは，箱の中からいくつかのリンゴをとり出して，重さを測り，1箱ぜんぶのリンゴの重さの平均値を推測してやろうというのです．リンゴの重さの平均値がわからないくらいなら，リンゴの重さの標準偏差もわかっていないのがふつうですが，ここでは，問題を単純にするために，重さの標準偏差が15グラムであることが，わかっているものとします．

　目をつぶって，箱の中からリンゴを1個とり出しました．みごとなリンゴです．諸物価値上りの折から200円ぐらいはしそうです．いや，これは，はしたない．重さの話をしているのでした．重さを測ってみると，405グラムです．さて，リンゴの重さの平均値はいくらと考えるのが妥当でしょうか．

　わかっていることは，どこかに，リンゴの重さの平均値があって，1箱中のリンゴの重さは，その値を中心にして標準偏差15グラムの正規分布をしており，そこからとり出された1つの標本が，たまたま405グラムであった，という事実だけです．たったこれだけしか情報

5 見本で全体を推定する

がないのですが，少ない情報からいろいろと推理をはたらかすのも楽しみなものです．

図を見ながら考えていきましょう．でたらめに1つだけ標本を選び出すと，その標本が，平均値より大きい確率も小さい確率も同じく1/2ずつです．ということは，平均値が標本より大きい確率も小さい確率も1/2ずつだということです．すなわち，私達が探し求めている平均値は，405グラムより大きいかもしれないし，小さいかもしれないのですが，大きい確率と小さい確率とは同じだということです．ですから，私達が，たった1つの標本405グラムを根拠にして，ぜんぶのリンゴの平均値を推定してやるときには，平均値は405グラムだというのが，公平なところです．大きいほうに外れる確率も，小さいほうに外れる確率も同じなのですから……．

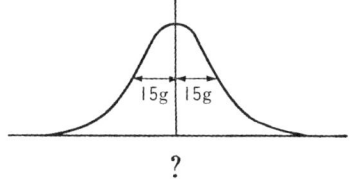

このように，大きすぎるほうにも，小さすぎるほうにも不公平でない，いいかえると，偏りのない推定値を**不偏推定値**といいます．つまり，私達の推理によれば，リンゴの重さの平均値の不偏推定値は405グラムということになります．

もう少し，推理をすすめていきます．箱の中のリンゴの重さは，平均値を中心にして標準偏差15グラムの正規分布をしているのでした．すなわち，1つだけ標本をとり出したとき，その標本が

　　平均値±15グラムの範囲から選ばれている確率は　68.26％
　　平均値±30グラムの範囲から選ばれている確率は　95.44％

です．なぜだろう，とお思いの方は63ページを見てください．平均値±15グラムの間に標本の値405グラムが存在するということは，図

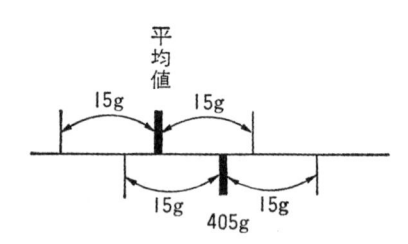

を見てちょっと考えていただければわかるように，405グラム±15グラムの範囲に平均値があるということです．つまり平均値が

390グラム〜420グラム

の間にある確率は68.26%だ，ということができます．

私達の推理は，だんだんと高尚になってきました．さきほど，1個の標本の値405グラムから，平均値の不偏推定値を求めると，それは405グラムだ，と書きました．本当の平均値が405グラムより大きい確率と小さい確率が等しいという意味で，それはそれで価値があります．しかし，この推理はあまりにも単純です．本当の平均値と，推定した平均値とがどのくらい違っているかについては何も考えていないのですから，感心できません．そこへいくと，「本当の平均値は，68.26%の確率で390〜420グラムの間にある」という推理のほうが一段と高級です．判断の確かさまで，ちゃんと計算しているのですから……．

「平均値の不偏推定値は405グラムである」というように，推定の結果をただ1つの値で示す推定のやり方を**点推定**といいます．これに対して，「平均値は，68.26%の確率で390〜420グラムの間にある」というように，推定の結果をある区間で示す推定のやり方を，**区間推定**といっています．そして，この区間を，68.26%の**信頼区間**と呼び，68.26%という値を**信頼水準**といいます．

この例では，標本の値の前後に，ちょうど標準偏差の幅をとったので，信頼区間は390〜420グラムであり，信頼水準は，68.26%だったのですが，信頼区間の幅はどのようにでも決めることができます．信

5 見本で全体を推定する

たくさんの容疑者を捕えれば、
その中にホシがいる確率が
大きくなる

頼区間の幅をいろいろ変えて，それにつれて信頼水準がどう変わるかを表にしてみました．表の中では x は標本の値，σ は標準偏差を表わしています．

信　頼　区　間			信頼水準(%)
区間の決め方	私達の例では （グラム）	信頼区間(グラム)	
$x \pm \sigma$	405±15	390　〜420	68.3
$x \pm 1.645\sigma$	405±24.7	380.3〜429.7	90.0
$x \pm 1.96\sigma$	405±29.4	375.6〜434.4	95.0
$x \pm 2\sigma$	405±30	375　〜435	95.4
$x \pm 2.58\sigma$	405±38.7	366.3〜443.7	99.0
$x \pm 3\sigma$	405±45	360　〜450	99.7

　信頼区間の幅が広いほど，信頼水準が高くなります．信頼区間の幅が広いということは，あまりよくは推理できていないことです．容疑者を1人にしぼれないために，5〜6人ほどの容疑者をたい捕したようなものです．その代りに，その5〜6人の中にホシがはいっている

確率(信頼水準)は高くなります．逆に，信頼区間の幅を狭くして——つまり，たい捕する容疑者の数を減らしてやると，その中にホシがいる確率が減ってしまいます．

信頼区間をいくらにするかは，目的によっても異なりますが，統計学では，信頼水準が95％になるように信頼区間を

$$x \pm 1.96\,\sigma$$

にとるのがふつうです．ときには，信頼水準を90％にすることも，99％にすることもあります．

ものの見方をちょっと変えてみます．1つの標本の値405グラムの前後に15グラムの幅をとれば，その中に本当の平均値がはいっている確率は68.3％，また，30グラムの幅をとれば，その幅に本当の平均値がはいっている確率は95.4％でした．つまり，本当の平均値の推定値は，標本の値405グラムを中心として，15グラムの標準偏差で正規分布している，といい替えることができます．すなわち，「平均値の推定値」の平均値は405グラムだということです．さきほど，平均値の不偏推定値は，本当の平均値がそれより大きい確率と小さい確率とが同じ値だ，と書きました．正規分布の場合には左右が対称なので，「平均値の推定値」の平均値でも，さきほどの不偏推定値でも同じことになりますが，左右対称でない分布ではそうなるとはかぎりません．数学上の定義では，平均値の不偏推定値は，「平均値の推定値」の平均値である，と申し上げておきましょう．

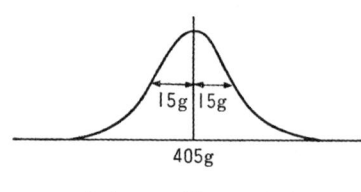

推定される平均値の分布

2つの見本で何がわかるか

1箱から1つだけリンゴをとり出して，その重さを測り，箱一ぱいのリンゴの平均値を推定してやるのは，ちょっと，なまけすぎています．なん個かのリンゴを測って，その平均値から，全体の平均値を推定してやるくらいの労を惜しんではいけません．

はじめにとり出したリンゴの重さは405グラムだったのですが，つぎに，もう1つのリンゴをとり出して重さを測ってみると，こんどは395グラムでした．さっきは，405グラムという情報が1つあっただけですが，こんどは，情報が405グラムと395グラムの2つに増えました．情報が増えればホシが推理しやすくなるのが当然です．がんばってみましょう．

2つの情報を有効に使うために，2つの情報を対等にミックスした値，すなわち，2つの値の相加平均値

$$\frac{405 + 395}{2} = 400 \, グラム$$

を使って推理してみようと思います．

推理の開始に先だって，2つの標本の平均値がどういう性質をもっているかを調べておかねばなりません．相加平均は，2つの標本の値を足し合わせて2で割ったものです．「2つの標本の値を足し合わせたもの」で何かを思い出しませんか．正規分布の加法性を利用して，女性のほうが大きいペアの確率を計算したことを思い出していただきたいのです．

正規分布するあるグループ

$N(\mu_1, \sigma_1^2)$

からとり出した1つの値と，別のグループ

$N(\mu_2, \sigma_2^2)$

からとり出した値との和は

$N(\mu_1 + \mu_2, \sigma_1^2 + \sigma_2^2)$

の正規分布にしたがう，というやつです．ある母集団からとり出した2つの標本の相加平均がどんな性質をもっているかは，これを利用するとわけなくわかります．どちらの標本もとり出される母集団が同じなので，その母集団を

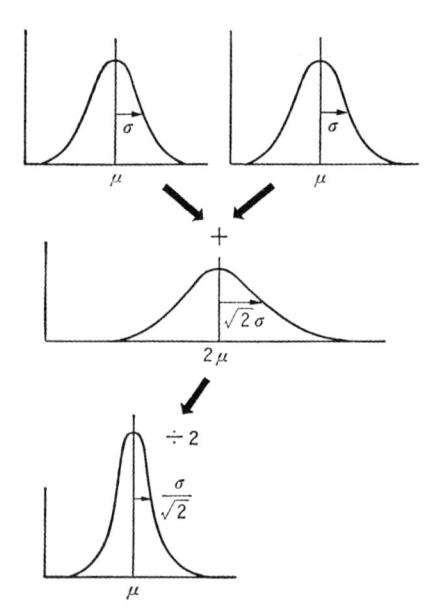

$N(\mu, \sigma^2)$

としてみます．そうすると，2つの標本の和は

$N(\mu + \mu, \sigma^2 + \sigma^2)$
$= N(2\mu, 2\sigma^2)$

の分布をすることがわかります．すなわち

平　均　値　　2μ

標準偏差　　$\sqrt{2}\,\sigma$

の正規分布です．

相加平均は，2つの標本の和の1/2です．2つの標本の和が，上記のような分布をしているのですから，その1/2の値は

平均値　　$\dfrac{2\mu}{2} = \mu$

5 見本で全体を推定する

標準偏差 $\dfrac{\sqrt{2}\sigma}{2} = \dfrac{\sigma}{\sqrt{2}}$

で分布するに決まっています．すなわち，これが，2つの標本の平均の分布です．このことを整理すると

「2つの標本の平均値」の平均値は　　μ

「2つの標本の平均値」の標準偏差は　　$\dfrac{\sigma}{\sqrt{2}}$

であるということになります．「標本の平均値の平均値」という考え方は，はじめての方には，わかったような，わからないような，いやーな気持ちを起こさせるものです．男女のペアのときと同じように，考えてみてください．女の子のグループがあるとします．そこから，でたらめに2人を選び，2人の身長を測って，その平均値を計算して記録します．その2人をもとのグループに戻して，また，でたらめに2人を選んで同じように身長の平均値を記録します．こういうことを何回もくり返しているうちに，平均値のデータがたくさん集まってきます．これが標本の平均値のデータです．データがたくさん集まると，そのデータの平均値と標準偏差があるはずです．それが，「2つの標本の平均値」の平均値と「2つの標本の平均値」の標準偏差とであります．

　私達のリンゴの例では，σは15グラムと，わかっていることにしています．そうすると，2つの標本，405グラムと395グラムから求めた平均値400グラムは

平　均　値　　μ

標準偏差　　$\dfrac{\sigma}{\sqrt{2}} = \dfrac{15 \text{グラム}}{\sqrt{2}} = 10.6 \text{グラム}$

の正規分布からとり出された1つの値とみることができます．あとは，

1つの標本405グラムから、本当の平均値を区間推定したときと全く同じことで、95％の信頼区間は

　　　標本の平均値 ± 1.96 × 標本の平均値の標準偏差

ですから

　　　$400 ± 1.96 × 10.6 = 400 ± 20.8$ グラム

すなわち、本当の平均値が

　　　379.2 〜 420.8 グラム

の間にある確率は95％である、という推定ができるわけです．

標本が405グラム1つだけであったとき、95％の信頼区間は

　　　375.6 〜 434.4 グラム

で、その幅は58.8グラムありました．標本が2つに増えたいまでは、95％の信頼区間の幅は

　　　$420.8 - 379.2 = 41.6$ グラム

に減少しました．同じ信頼水準で区間推定の幅が減ってきたということは、推定が確かになってきたことを意味しています．情報が増えただけのことはあったわけです．

n 個の見本で何がわかるか

標本が3つに増えたらどうでしょうか．4つなら？　さらに5つなら？　この節では、標本の数をn個として区間推定の勉強をしてみます．少々、頭が痛くなるかもしれませんが……．

　　　$N(\mu, \sigma^2)$

から3つの標本をとり出して、3つとも加えた値がどんな分布をするかを考えてみます．3つの標本をx_1, x_2, x_3とすると

5 見本で全体を推定する

$$x_1 + x_2 + x_3 = (x_1 + x_2) + x_3$$

ですから，まず，2つの標本の和の分布を作ります．これは，もう

$$N(2\mu, 2\sigma^2)$$

であることを私達は知っています．3つの標本の和の分布は

$$N(2\mu, 2\sigma^2)$$

と

$$N(\mu, \sigma^2)$$

とから1つずつの値をとり出して，加え合わせた値の分布ですから

$$N(2\mu + \mu, 2\sigma^2 + \sigma^2)$$
$$= N(3\mu, 3\sigma^2)$$

となります，すなわち

平　均　値　　3μ

標準偏差　　$\sqrt{3}\,\sigma$

の正規分布です．3つの標本の相加平均は，これを3で割ればよいのですから

「3つの標本の平均値」の平均値は　　$\dfrac{3\mu}{3} = \mu$

「3つの標本の平均値」の標準偏差は　　$\dfrac{\sqrt{3}\,\sigma}{3} = \dfrac{\sigma}{\sqrt{3}}$

となります．全く同じように

「4つの標本の平均値」の平均値は　　μ

「4つの標本の平均値」の標準偏差は　　$\dfrac{\sigma}{\sqrt{4}}$

となります．標本の数がいくつであっても同じように，つぎつぎと計算することができ

「n 個の標本の平均値」の平均値は　μ

「n 個の標本の平均値」の標準偏差は　$\dfrac{\sigma}{\sqrt{n}}$

であることがわかりました.

わかりました,といわれても,よくわからない,という方が少なくないと思います.だいたい一般論では,なかなかのみ込めないものです.そこで実例といきましょう.

1箱の中から,こんどはけちらないで,10個のリンゴをとり出し,重さを測りました.その結果は,つぎのとおりです.数字の単位は断わるまでもなくグラムです.大きいことはいいことだ,というわけで,キログラムと思っていただいてもかまいませんが…….

405	395
374	410
417	426
383	398
390	402

この10個の値から,本当の平均値を区間推定しようというのです.相変わらず,標準偏差が15グラムであることが,わかっているものとします.

さて,10個の標本の平均値は,この10個の値をぜんぶ加えて10で割れば求められます.計算してみると,ちょうど400グラムになります.つぎに,標本平均の標準偏差は

$$\dfrac{\sigma}{\sqrt{n}}$$

なのですが,σ が15グラムで,n が10ですから

情報がふえれば
推理は確かになる

$$\frac{15}{\sqrt{10}} = 4.75 \text{グラム}$$

です．つまり，400グラムという標本の平均値は，本当の平均値を中心にして4.75グラムの標準偏差で正規分布する無数の値から，偶然に選ばれた1つの値だ，ということです．

したがって，本当の平均値は95％の確率で

　　　$400 \pm 1.96 \times 4.75$ グラム

　　　$= 400 \pm 9.3$ グラム

の範囲にあることがわかりました．つまり，本当の平均値が

　　　390.7グラム〜409.3グラム

の間にあると判定すると，その判定が正しい確率は95％だということです．情報が10個に増えたので，推定もずいぶん確かになってき

ました．信頼水準を90％に下げれば信頼区間は

$$400 \pm 1.645 \times 4.75 \text{ グラム}$$

$$= 400 \pm 7.8 \text{ グラム}$$

であり，信頼水準を99％に上げると信頼区間は

$$400 \pm 2.58 \times 4.75 \text{ グラム}$$

$$= 400 \pm 12.3 \text{ グラム}$$

に広がってきます．1.96とか1.645とか2.58とかが何を意味していたかを，もう一度，95ページの表を見て確認しておいてください．

クイズ

　高3の女子全員の体重を測り，平均値と標準偏差を計算しました．ところが，そそっかしい先生がこのデータを入れたカバンを紛失してしまいました．記憶に残っているのは，標準偏差がちょうど5 kgであったことだけです（本当をいうと，母集団の平均値がわかっていないのに，標準偏差だけがわかっているということは，まず，ないので，そういう想定を作り出すのに苦労しているのであります）．さて，体重の平均を知りたいのですが，全員の若い娘さんをもう一度，下着一枚にするのは気がひけます．そこで，何人かをくじ引きで選び出して，協力してもらい，その体重のデータから，全員の平均を推定しようと思います．あまり誤差が大きすぎてもまずいので，95％信頼区間の幅を3 kg以下にしたいのです．何人の生徒を測り直したらよいでしょうか．

（答は☞282ページ）

6 見本で全体を推定する
その2．標準偏差がわかっていないとき

平均値が推定できないわけは

　前の章では，母集団の標準偏差σがわかっているものとして話を進めてきました．しかし，母集団の平均値μや，母集団の標準偏差σは，ともにわかっていないのがふつうです．母集団のそういう値がわかっていないからこそ，標本をとり出して，標本の性質から母集団の性質を推定しようとするのですから……．とくに，無限母集団では，無限の構成員をぜんぶ調べ上げることは，人間には決してできませんから，どうあがいたところで，しょせんは，母集団の平均値や標準偏差の本当の値を知ることはできません．ずっと前の章で

　　　　母集団の平均値は　μ

　　　　母集団の標準偏差は　σ

とギリシア文字で表わすことが多いと書きました．ともに，「神のみぞ知る」というわけで，ギリシア文字を使うようになったもののよう

です.これに対して

　　　標本の平均値は　$\bar{x}$

　　　標本の標準偏差は　s

と書いて表わすのがふつうです.

　'母集団の平均値'は,長すぎてめんどうなので,**母平均**といい,'標本の平均値'も同じように**標本平均**と呼びます.それなら,母集団の標準偏差を**母標準偏差**,標本の標準偏差を**標本標準偏差**といってもよさそうなものですし,また,そういう用語を使うことも少なくないのですが,ふつうは,標準偏差の2乗,すなわち'分散'のほうを使って,**母分散**,**標本分散**という呼び方をします.'母'は,いずれも'はは'と読まないで'ぼ'と読んでください.以上を整理すると

　　母 平 均　μ　　　標 本 平 均　$\bar{x}$
　　母 分 散　σ^2　　標 本 分 散　s^2
　　母標準偏差　σ　　　標本標準偏差　s

ということになります.

　念のために,このへんで,標準偏差の式を思い出しておきましょう.n個の標準偏差は

$$\sqrt{\frac{\sum(x_i-\bar{x})^2}{n}}$$

でした.そのn個の値が母集団の全部の値なら,この式はσを表わしていますし,n個が,母集団からとり出された標本であるならば,この式はsを表わしているわけです.

　さて,それでは,母集団の平均値も標準偏差もわかっていないとき,どうしたら,母平均を推定できるのでしょうか.1箱のリンゴから,10個のリンゴをとり出して重さを測ったところ

6　見本で全体を推定する

405	395
374	410
417	426
383	398
390	402

というデータを得ました．ここまでは，前章と同じです．今度は，母集団の平均値も標準偏差もわかっていないと考えるところがちがうだけです．さきほどは母標準偏差が15グラムだ，とわかっていたので，母平均が割に簡単に区間推定できたのですが，こんどは，母標準偏差 σ がわかっていないので困ってしまいました．しかし，考えてみると，せっかく10個のデータがあるのですから，このデータから標準偏差 s を計算することができます．s は，10個の標本から計算した標準偏差の値ですから，標本の選び方の偶然によって，母標準偏差 σ より，多少は大きすぎたり，小さすぎたりすることもあるでしょうが，データの数さえ十分にそろえてやれば，多少の誤差はあるにしても，s で σ の代用をしてやってもよさそうに思われます．

　そのとおりです．もし，データの数が30以上もあるならば σ がわからなくても s を使ってやれば実用上，十分な精度で，母平均 μ を区間推定してやることができます．けれども，データの数が私達の例のように10個ぐらいですと，s に σ の代用をさせることは，ちょっと困るのです．なぜかというと，s のほうが σ より小さくなる傾向があり，その傾向はデータの数が少ないほど著しいからです．前に，標本平均 $\bar{x}$ は，母平均 μ より大きい確率も小さい確率も同じ，つまり，偏っていない，と書きましたが，s は σ より小さいほうに偏っていて，データが少ないほどその傾向が強いのです．

なぜかというと，こういうことです．いま，平均値も標準偏差もわからない正規分布から2つのデータ

$$3 \quad 5$$

が得られていたとします．この2つから標準偏差を計算してみます．まず，相加平均値 $\bar{x}$ は

$$\bar{x} = \frac{3+5}{2} = 4$$

です．標準偏差は

$$\sqrt{\frac{\sum(x_i - \bar{x})^2}{n}}$$

でしたから，3と5の2つのデータから求めた標本標準偏差 s は

$$s = \sqrt{\frac{(3-4)^2 + (5-4)^2}{2}} = 1$$

です．相加平均を4として計算すると，こうなるのですが，この2つのデータがとり出された母集団の本当の平均が 4 であるという保証はどこにもありません．この2つのデータから計算された相加平均 4 は，すでにお話ししたように，母平均の不偏推定値として使用できます．つまり，本当の平均値が 4 より大きい確率と 4 より小さい確率とは等しいのですが，だからといって，本当の平均値が 4 だと保証しているわけではありません．本当の平均値が 4 よりひどく大きかったり小さかったりすることは，めったにないにしても，多分，4 よりは多少は大きかったり小さかったりしているでしょう．そして，もともとこの2つのデータは，4 ではない本当の平均値に対して，母集団の本当の標準偏差で分布していたグループの一員であるはずです．

もし，本当の平均値が 4 より大きく4.5であるとすれば，母標準偏

6 見本で全体を推定する

sがもっとも小さくなるように
　　データが$\bar{x}$をきめてしまう

差は

$$\sqrt{\frac{(3-4.5)^2 + (5-4.5)^2}{2}} = 1.12$$

と考えるのが公平なところです．また，本当の平均値が 4 より小さく 3 であるとすると

$$\sqrt{\frac{(3-3)^2 + (5-3)^2}{2}} = 1.41$$

とすべきでしょう．いずれにしても，本当の平均値が4でないとすればさきほど計算した

　　　$s = 1$

よりは大きな値が標準偏差として適当だ，ということになります．

　いいかえれば

　　　$s = 1$

は，母集団の標準偏差を表わす値としては，小さく見積もりすぎているということです．なにしろ，s を計算していく過程を見ると，s が

もっとも小さくなるように標本が勝手に自分達だけで平均値を決めてやっているのですから……．

標準偏差を推定する

　標本から求めた標準偏差は，母集団の標準偏差より小さくなる傾向があることを，私達は前の節で学びました．

　それでは，標本から計算した標準偏差を，どのくらい水増ししてやったら母標準偏差σの代りに使えるのでしょうか．頭のよい先覚者が調べ上げたところによると，まず，わかったことは

$$\frac{n}{n-1}s^2$$

は不公平ではなくσ^2の代りに使えるということです．つまり，母分散（標準偏差の2乗を分散と呼ぶのでした）の不偏推定値は

$$\frac{n}{n-1}s^2$$

であるということです．n個の標本についていえば

$$s^2 = \frac{\sum(x_i - \overline{x})^2}{n}$$

ですから，母分散の不偏推定値は

$$\frac{n}{n-1}s^2 = \frac{\sum(x_i - \overline{x})^2}{n-1}$$

という形になります．この形の式なら，分散を計算する式でnが$n-1$に代わっているだけですから，びっくりするほどこわい式ではありません．

さて，標準偏差は分散を平方に開いたものですから，母標準偏差の不偏推定値は

$$\sqrt{\frac{\sum(x_i-\overline{x})^2}{n-1}}$$

かというと，それが，そうはいかないから，いやになってしまうのです．

標本分散は，標本の選び方が無数にありますから，ちょうど，女性のほうが大きいペアを調べたとき，身長の差が新しい分布を作り出したように標本分散それ自体についてある形の分布が考えられます．その平均値が母分散 σ^2 より小さいほうに偏っているので

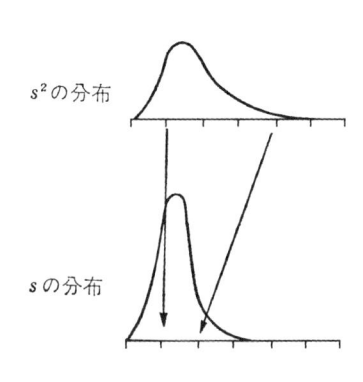

$$\frac{n}{n-1}$$

を掛けてやれば，ちょうど σ^2 になるというりくつなのです．ところが，標本標準偏差は，標本分散を平方に開いたものです．それで，たとえば，標本分散4は標本標準偏差2になるのに，標本分散1は標本標準偏差1と変わりませんから，分散と標準偏差とでは分布の形が変わってしまいます．で，標本分散の平均値を平方に開いても，標本標準偏差の平均値にはならないのです．

では，母標準偏差を公平に推定してやるには，一体，s をどれだけ水増ししてやったらよいというのでしょうか．頭がいたくなるばかりで，さっぱりわからないではありませんか．これから先のりくつは，

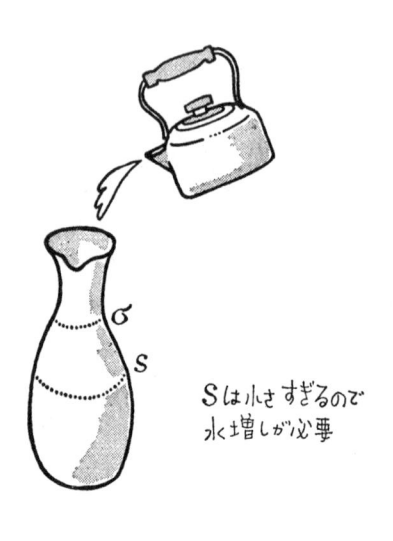

n	水増し係数
2	1.77
3	1.38
4	1.25
5	1.19
6	1.15
7	1.13
8	1.11
9	1.10
10	1.08
12	1.07
14	1.06
16	1.05
20	1.04
30	1.03
40	1.02
50	1.01

sは小さすぎるので水増しが必要

めったやたらにむずかしく, この本には不向きです. 本格的な教科書にも不向きなくらいです. それで, りくつは省略して, 結論だけを表にしておきました. n 個の標本から計算した標本標準偏差 s に, 表の値を掛け合わせたものが, 母標準偏差の不偏推定, すなわち, 公平な点推定の値です.

たとえば, 2つのデータ3と5とがあるとき, このデータから母標準偏差を推定しようというなら

$$s = \sqrt{\frac{(3-4)^2 + (5-4)^2}{2}} = 1$$

ですから

$$1 \times 1.77 = 1.77$$

が母集団の標準偏差だと考えるのが公平なところです．この表の値は，統計の専門書には$1/c_2$という記号で書いてあり，また，この値を$\sqrt{n/(n-1)}$で割った値を$1/c_2{}^*$と書いてあります．

標準偏差を推定する簡単な方法

標本の標準偏差 s から，母集団の標準偏差 σ の不偏推定値を求めるには，前ページの表の値を掛ければよいのですが，実は，もっと簡単な別の方法がありますので，それをご紹介しましょう．

たとえば，つぎのような5個の標本が手にはいったとします．

　　　5,　7,　8,　9,　11

この値からσの不偏推定値を求めるとすると，私達の知識では，まず

$$s = \sqrt{\frac{\sum(x_i - \overline{x})^2}{n}}$$

$$= \sqrt{\frac{(5-8)^2 + (7-8)^2 + (8-8)^2 + (9-8)^2 + (11-8)^2}{5}} = 2$$

を求め，それに前ページの表からnが5のときの水増し係数1.19を読みとって

　　　$2 \times 1.19 = 2.38$

とするのでした．

ところが，もっと簡単な方法があります．それは，標本の中の最大の値と最小の値の差，つまりレンジを読みとって，それに右の表の割引き係数をかけてやれば，たった，それ

n	割引き係数
2	0.886
3	0.591
4	0.486
5	0.430
6	0.395
7	0.370
8	0.351
9	0.337
10	0.325

だけで不偏推定値が求まるのです．いまの例で，レンジは

　　　レンジ = 11 − 5 = 6

で，表の $n=5$ の割引き係数は 0.430 ですから，σ の不偏推定値は

　　　$6 \times 0.430 = 2.58$

ということになります．

　さっき求めた 2.38 と，こんどの 2.58 では値が違うではないか，と疑問に思う方もいるかもしれません．2.38 のほうは，σ の標準偏差で正規分布している母集団から偶然に選ばれた 5 個の標本で計算した s が，その偶然によってどのように分布するかを考えて，その平均が σ より小さい方に偏っているのを，水増し係数で修正した値ですし，一方，2.58 のほうは，偶然に選ばれた 5 個の標本のレンジが，どのように分布しているかを考えて，その平均が σ より大きいほうに偏っているのを，割引き係数で補正した値です．したがって，この両者は，推理の仕方が異なっているために結論が同じにはならないのです．

　推理の仕方が異なっていても，推理が正しければ結論は同じになるはずではないか，としつっこく苦情が出るかもしれません．そのとおりです．推理の方法が異なると結論に差が出るのは，推理に誤差があるからです．もともと，標準偏差の推定は，どんな方法を使っても，精度があまり良くありません．ですから，2.38 と 2.58 ぐらいの差は，別に不思議ではないのです．どうせこのくらいの誤差があるのなら，標本から，えっちらおっちらと s を計算し，ときどきは計算をまちがえ，それに水増し係数をかけて σ の不偏推定量を計算するほどのこともなさそうです．

　レンジに割引き係数を掛けて σ の不偏推定量を求める方法は，手続きがおそろしく簡単なわりに，精度がよいので，おすすめできる方法

推理の方法が異なると
差ができるのは
推理に誤差があるから

です．計算の手順が簡単だということは，計算まちがいをすることが少ないということですから，たとえ，sを計算してσの不偏推定値を求める場合でも，検算の意味でこの方法でチェックしてみるのも意味のあることでしょう．この方法は，nが増えても推定の精度がほとんど良くならないので，nを増やすことは有利ではありません．nをいくつにするのがもっとも有利であるかは，データをとり出す苦労がどのくらいで，また，推定の精度がどのくらいほしいかで決まることなので，一概には言えませんが，$n=5$ぐらいで使うことが最も多いようです．

　データが15もあるときには，データを偶然を利用して5個ずつの3

t 分布をご紹介

推定の問題もいよいよ大詰めにきました．いままでのところを整理してみると，つぎのようになります．正規分布する母集団があるとします．ふつうは，母平均も母標準偏差もわかっていません．そこから n 個の標本をとり出して標本平均

$$\overline{x} = \frac{\sum x_i}{n}$$

を計算すると，これが母平均の不偏推定値です．また，標本標準偏差

$$s = \sqrt{\frac{\sum(x_i - \overline{x})^2}{n}}$$

を計算すると，これに，112ページの水増し係数を掛けた値が母標準偏差の不偏推定値です．母標準偏差の不偏推定値は，また，前の節で紹介したように，もっと簡単な方法で求めることもできます．母分散の不偏推定値は，V と書くのがしきたりですが

$$V = \frac{\sum(x_i - \overline{x})^2}{n-1}$$

という形になります．

また，何らかの理由で，母標準偏差 σ がわかっているときには，n 個の標本平均 $\overline{x}$ が，母平均 μ のまわりに

$$\frac{\sigma}{\sqrt{n}}$$

の標準偏差で正規分布するという性質を利用して，μの値を区間推定することができました．

ところが何らかの理由でσがわかっていることは，実際にはほとんどありません．μもσもわからないのに，何とかμを区間推定したいという問題に直面したのが，この章の書き出しだったのでした．けれども，いまや，私達は，標本の値からσの不偏推定値を計算するための'水増し係数'の表を持っています．この不偏推定値をσの代りに使えば，μに区間推定ができそうなものです．ところが，そうはいかないので，またまた，いやになってしまうのであります．$\bar{x}$は正規分布しているのですが，sのほうが正規分布していないために，この両方に関係する'μの推定値'が正規分布をしてくれないので，正規分布の数表を使ってμを区間推定することができないのです．困ったことです．ゆめもキボーも消えはてたのでしょうか……．いや，まだあきらめるのは早すぎます．

もう一度，σがわかっていてμを区間推定したときのことを考えてみましょう．n個の標本から求めた標本平均は，母平均μを中心にして$\sigma/\sqrt{n}$の標準偏差で正規分布する，という性質を利用して，正規分布の表を利用したのでした．正規分布の数表は，正規分布の横軸の値を標準偏差を単位として測っています．つまり，数表の見出しの数字が2であれば，それから読みとられる値は，正規分布の横軸が標準偏差の2倍のところまでの面積を示しています．ですからμの推定のときには，$\bar{x}$

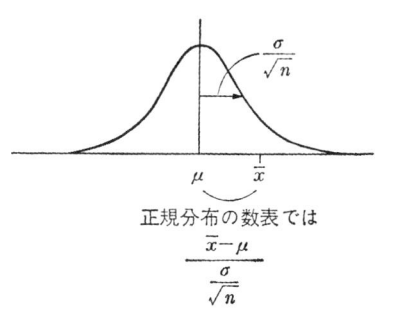

正規分布の数表では
$$\frac{\bar{x}-\mu}{\frac{\sigma}{\sqrt{n}}}$$

と μ とのへだたり

$$\bar{x} - \mu$$

を標準偏差を単位として表わした値

$$\frac{\bar{x} - \mu}{\frac{\sigma}{\sqrt{n}}}$$

が

$$N(0,\ 1)$$

の正規分布にしたがうとして，数表を利用していたことになります．

そこで，σ がわからなくて s だけわかっているときには，これと同じように

$$\frac{\bar{x} - \mu}{\frac{s}{\sqrt{n}}}$$

がどういう分布にしたがうかを調べて，その数表を作っておけば，σ がわからなくても μ を区間推定できる，というりくつになります．このままでもよいのですが，s は σ より小さいほうに偏っていてやらしいので，σ^2 の不偏推定値は

$$\frac{n}{n-1} s^2$$

であることを思い出して，偏りの分だけ修正してやると

$$\frac{\bar{x} - \mu}{\frac{s}{\sqrt{n-1}}} = t$$

がどんな分布をするかを調べてみることになります．この値の分布は，いまさら私達が調べなくても，もうとっくに調べられていて **t 分布**と呼ばれています．t 分布を調べたのはW・S・ゴセットという人な

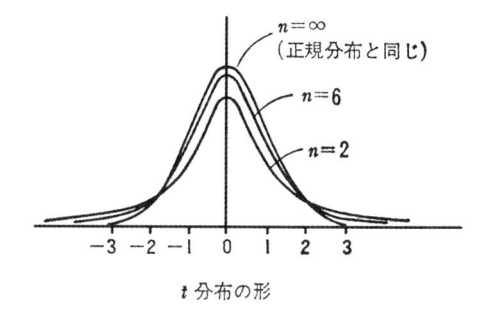

のですが，けんきょな人で「ほんの学生でございます」というつもりでスチューデントというペンネームを使っていましたから，この分布はスチューデントの t 分布といわれています．

t 分布の形

t 分布は，図のように標本の数 n が変わると形が変わります．n が大きいときは，正規分布によく似ていて，正規分布で代用してもさしつかえないのですが，n が小さくなると，平べったくなってくると同時にすそを遠くまで広げるようになってきます．

t 分布の数表は，統計の本にはたいてい付いています．しかし，その表わし方は，正規分布の数表とはだいぶ異なっています．t 分布は，

t の値の表

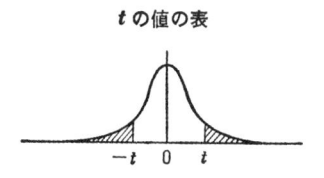

n	ϕ	両すその面積		
		0.1	0.05	0.01
2	1	6.314	12.706	63.657
3	2	2.920	4.303	9.925
4	3	2.353	3.182	5.841
⋮	⋮	⋮	⋮	⋮
∞	∞	1.645	1.960	2.576

データの数が変わると分布の形が変わってしまいますので，正規分布の数表と同じスタイルの数表にすると，n が 2 のときの数表，3 のときの数表，4 のときの数表，……というように，たくさんの数表を準備しておく必要があります．これではたいへんなので何とか 1 枚の数表にまとめてしまいたいのです．そのためには，いろいろな t の値についてそれに対応する面積をぜんぶ数表にのせるわけにはいきません．幸いなことに，t 分布表を使うときには，いろいろな t の値について，片っぱしから面積を調べなければならないことはめったになく，図のように，中心から t だけ離れた所から外側の，両すその面積がちょうど 0.1 とか 0.05 になるときの t の値がわかればよいことがほとんどです．それで，t 分布の数表は，両すその面積がちょど 0.1，0.05，0.01 になるような t の値をら列して作られています．

t 分布表で，もう 1 つ目ざわりなのは，だんごの串ざしのような ϕ です．これは，**自由度**といわれる値で，当分の間

$$\phi = n - 1$$

だと思っておいてください．なぜ，こんなものを使うかについては，別の機会にご説明します．

ついに神様に近づいた

t 分布表の使い方は，2〜3 の例をやってみればすぐわかります．私達のリンゴの問題を思い出してください．最初の 1 個は 405 グラムでした．これから，本当の平均値 μ を区間推定してみようと思います．もちろん，本当の標準偏差 σ はわかっていません．前には，母標準偏差 σ が 15 グラムであるとわかっていたとしたので，1 個のデータでも

μ を区間推定することができたのですが,今度は事情が異なります. t 分布表を使いたいのですが,データが1個では t 分布表が使えません. t 分布表には, $n=1$ の欄がないではありませんか.つまり,1個のデータでは μ の区間推定はできないのです.

つぎに,もう1つのリンゴをとり出すと,それは395グラムで,今度はデータが2つになりました.この2つのデータから μ の95%信頼区間を計算してみましょう.まず,数表から t の値を求めます. $n=2$ つまり $\phi=1$ の欄で両すその面積が0.05のところを見てください.両すその面積が0.05なら,斜線を施していない中央部の面積が0.95,すなわち,95%ですから……

$$t = \pm 12.706$$

が求まるはずです.つぎに

$$\bar{x} = \frac{405+395}{2} = 400$$

$$s = \sqrt{\frac{(405-400)^2 + (395-400)^2}{2}} = 5$$

を求めます.準備完了です.もう一度

$$\frac{\bar{x}-\mu}{\frac{s}{\sqrt{n-1}}} = t$$

を思い出します.この式の形を少し変えると

$$\mu = \bar{x} - t\frac{s}{\sqrt{n-1}}$$

となります.これに

$$\bar{x} = 400$$

$$\mu = \bar{x} - t\frac{s}{\sqrt{n-1}}$$

神様にしかわからない μ を
推定することができた

$s = 5$

$n = 2$

$t = \pm 12.706$

を代入すると

$\mu = 400 \pm 12.706 \times 5$

$\fallingdotseq 400 \pm 63.5$

という答えが,簡単に求まりました.すなわち,リンゴの重さの平均値 μ は本当の値は神様にしかわからないけれど,人間のあさはかな知恵でも,2つのリンゴの重さを測ったデータから,平均値 μ は95%の確率で,336.5〜463.5グラムの間にあると,推定できたことになります.

さて,この章のふり出しへ戻ります.私達は,1箱のリンゴから10

6 見本で全体を推定する

個の標本をとり出して、その重さを測ったのでした。そして、この10個のデータから神様しか知らない母平均 μ を区間推定しようとしたのでした。ここへ到達する道のりが長すぎましたので、もう一度そのデータを書きます。

405	395
374	410
417	426
383	398
390	402

このデータから標本平均 $\bar{x}$ と標本標準偏差 s とを計算すると

$\bar{x} = 400$

$s = 14.8$

になります。一方、t 分布表から $n = 10$、つまり $\phi = 9$ で両すその面積が0.05になるような t の値を求めると

$t = \pm 2.262$

になっています。121ページの式

$$\mu = \bar{x} - t \frac{s}{\sqrt{n-1}}$$

に、これらの値を代入すると

$$\mu = 400 \pm 2.262 \frac{14.8}{\sqrt{10-1}}$$

$$= 400 \pm 2.262 \times 4.94$$

$$= 400 \pm 11.2$$

が得られます。つまり、神様しか知らない1箱のリンゴの平均値 μ は、95％の確率で

400 ± 11.2 グラム

の間にあると,推定することができたことになります.

90%の確率でなら

$400 \pm 1.833 \times 4.94 \fallingdotseq 400 \pm 9.1$ グラム

また,99%の確率でなら

$400 \pm 3.250 \times 4.94 \fallingdotseq 400 \pm 16.1$ グラム

になることを,t 分布表で確かめてみてください.

　神様のように,本当の平均値をどんぴしゃりと言い当てることはできないにしても,私達の推理も神様の知恵にかなり近づいてきたではありませんか.

自由度とは

　前の節で,**自由度**という言葉が出ました.ϕ で表わし

$\phi = n - 1$

と考えておいたのでした.このままでも実用上はさしつかえないのですが,たいていの t 分布の数表は,データの数 n ではなくて自由度 ϕ で書かれていますし,それに,どうして n ではなくて ϕ を使うのかを知らないでおくのは,日本人の長所である好奇心が許しません.だいいち'自由度'といういわくありげな呼び方が気になります.

　いま,ここに正規分布からとり出された2つのデータがあるとします.データが2つあれば,t 分布を利用して,母平均 μ を区間推定できることは,リンゴの例でご説明したとおりです.そこで,区間推定の手順をもう一度ふり返ってみます.2つのデータから標本平均 $\bar{x}$ を求め,それを使って標本標準偏差 s を計算するのが第1段階でした.

ところが、よく考えてみると、sを計算するに際して、本当の平均値μがわからないものですから、データが自分達で勝手に架空の平均値を作り出してやり、その平均値であとの計算をやっているのですが、これはずいぶん勝手な話しです。そんなことをするので、sは母標準偏差より小さいほうに偏ってしまうのです。本来なら、標本は母平均に対して公平に、いいかえると、標本平均が母平均と同じになるように標本が選ばれなければなりません。ということは、2つの標本を選ぶ場合には、2つめの標本は、1つめとの平均が、ちょうど母平均と同じになるように選ばれなければならないので、勝手に選ぶことができなくて、自動的に決まってしまうということです。すなわち、2つの標本を選ぶときには、自由が許されるのは最初の1つだけで、2つめは自由が許されないのが本来の姿だということです。そういう意味で、nが2のときには、自由度は1になります。

nが3以上の場合でも同じことです。最後の1つは、標本平均が母平均と等しくなるように選ぶとすれば、選択の自由が許されておりません。したがって、自由度ϕは

$$\phi = n - 1$$

になるわけです。

自由度という考え方は、実は、t分布ばかりでなく、統計学の中では、あちらこちらに顔を出します。どの場合でも、「データの数

$\phi = n - 1$
と覚えておく

から,そのデータで作り出して使用した平均値の数を差し引いたもの」と考えておけばまちがいありません.

母標準偏差 σ がわかっていて,母平均 μ を推定したときには,$n-1$ という値が使われなかったのは,σ がわかっていさえすれば n 個のデータから平均値を作り出して使う必要がなく,自由度が n だったからで,一方,σ がわからないとき標本から μ や σ を推定するときには,$n-1$ という値がいつも現われたのは,自由度が $n-1$ だったからです.

クイズ

前の章のクイズでは,母集団の平均値がわからず,標準偏差がわかっているとき,所望の精度で母平均を推定するには,いくつの標本が必要であるかを調べてみました.

こんどは,母集団の平均も標準偏差もわかっていない通常の場合です.所望の精度で母平均を推定したいとき,いくつの標本を選べばよいかを,あらかじめ決めることができるでしょうか.

(答は ☞ 283ページ)

7 能力を判定する
検定のはなし

香水の匂いはかぎ分けられるか

　香水のメーカーから叱られるかもしれませんが……．女の子に香水を贈るときには，シャネルの5番かなにかの高級な香水の空びんに，安物の香水を詰めて，プレゼントするのがいちばん得のようです．香水の匂いからは，めったに，にせものがばれることはないのだそうです．世の中には，同じようなわるがいるものとみえて，手頃な値段で高級香水の空びんが取り引きされているというから，あきれたものです．しかし，考えてみれば，プレゼントする男性にとっては，多少の良心の痛みをがまんさえすれば，かわい子ちゃんの歓心を安く買えるのですからうまい話ですし，かわい子ちゃんにしたところで，彼氏からすばらしいプレゼントを貰ったことの喜びと，シャネルをつけられる嬉しさで，盆と正月がいっしょに来たようなものですから，めでたしめでたしです．

さて，問題は，高級な香水とその模造品の匂いの差が，かぎ分けられるかどうかです．貴方の恋人か奥さんかは，私は犬年で鼻がきくから，そんないんちきには乗らないわよ，とおっしゃるかもしれません．いや，香水の匂いなどというものは，いくら通ぶっていても，決してかぎ分けられるものではない，という説もあります．

そこで，香水の匂いがかぎ分けられるかどうかテストしてみることにします．絶対に香水はかぎ分けられると，日頃から自慢している鼻の大きな犬年のマダムに試験台になってもらいます．まず，全く同じ形のびんに入れた高級品と，それとよく似た模造品の匂いをかいで，どちらが本物であるかを当ててもらうことにしましょう．1回目は，みごとに当たりました．彼女は，ほら，ごらんなさい．と誇らしげですが，1回当たっただけで，彼女に判別能力があると断定してしまっては困ります．彼女に判別能力がぜんぜんなくて，でたらめを言ったとしても，偶然に正解をいい当てるチャンスが1/2あります．偶然に当たったのかもしれないではありませんか．

そこで，ちょっと間をおいてもう一度テストしてみます．やはり彼女はみごとに言い当てました．しかし，あてずっぽうに言っても，2回とも正解を言い当てる確率は1/4あります．偶然にその1/4が起こったのかもしれません．まだまだ彼女の判別能力を信用するのは早計です．

ところが，彼女は3回目も4回目も，それから5回目も高級品を言い当ててしまいました．でたらめに言って，5回とも連続して正解である確率は

$$\left(\frac{1}{2}\right)^5 = \frac{1}{32} \fallingdotseq 3\%$$

7 能力を判定する

5回連続で正解なら
判別能力ありと
考えるのがすなお

です．100回に3回ぐらいの割でしか起こらないことが，いま目の前で起こったのかもしれません．たしかにそうかもしれませんが，そういう偶然が起こったのだと考えるより，やはり，鼻の大きな犬年のマダムには香水をかぎ分ける能力があるのかもしれない，と考えるほうが，すなおでもあるようです．ということは，マダムには判別能力がなくてでたらめを言っているのだ，という仮定を否定するほうがすなおなようだ，ということです．

　このことを，ちょっと違った観点から考えてみましょう．マダムが5回とも正解を言い当てたという結果から，もし，「マダムには，香水の匂いをかぎ分ける能力がある」という判定を下したとすると，その判定がまちがっている確率は3%しかない，ということができます．

彼女にかぎ分ける能力がなくてでたらめを言っていると仮定すると，5回とも正解を言い当てる確率は3％しかないのですから……．「マダムには，香水判別の能力がある」というこの判定は，3％の確率でまちがっているかもしれませんが，あとの97％は正しいのですから，私達はこの判定を認めることにしてよいのではないでしょうか．

さて，ものごとを判定するとき，判定がまちがってしまう確率が3％あるというのですが，この3％は多すぎるでしょうか．ものごとによりけりだと思います．死刑の判決を下すとき，それが3％もまちがっているのでは一大事です．30人の死刑囚について1人は無実のまま命を断たれるということですから，その1人にとっては，たまったものではありません．しかし，犬年のマダムに香水判別能力がないとはいえない，という判定が3％ぐらいまちがっている確率があっても，べつにどうということもないでしょう．

判定がまちがう確率をもっと少なくするためには，テストの回数をもっとふやしてやればよいわけです．彼女が6回連続に正解を言い当ててから，彼女に判別能力あり，と判定すれば，判定がまちがう確率は

$$\left(\frac{1}{2}\right)^6 = \frac{1}{64} \fallingdotseq 1.6\%$$

に，7回連続なら

$$\left(\frac{1}{2}\right)^7 = \frac{1}{128} \fallingdotseq 0.8\%$$

というように，小さくなっていきます．

こういうものの考え方を統計学では**検定**といいます．「マダムには香水判別能力がない」という仮定をたて，それが正しいかどうか検定

しているからです．そして，この仮定のことを，もったいぶって，**仮説**と呼ぶならわしになっています．また，検定がまちがってしまう確率——マダムの5回連続正解の例では3％——を**危険率**といっています．つまり，ある限られたデータから，優劣だとか相違の有無だとかを，判定しなければならないときに，ある仮説をたてて，その仮説が正しいかどうかを，まちがう危険が多少あるのは覚悟のうえで，判定してしまおうというのが，検定という考えであり，手法であるのです．統計学では

　　　　5％以下の確率を　　小さい
　　　　1％以下の確率を　　非常に小さい
　　　0.1％以下の確率を　　きわめて小さい

と考えるのがふつうです．そして，危険率にどれを採用するかは個人の自由であり，判定について利害の反する相手があるときには，その相手と協議して決めなければなりません．5％で手を打つなら，マダムは5回連続に正解を言い当てればよく，1％なら7回連続の正解が必要です．

10回中8回正解なら

犬年のマダムが快調に正解を言い当ててくれているうちは，しまつがよいのですが，当たったり当たらなかったりすると，判定の下し方はもっとめんどうになります．10回テストした結果，当たりが8回，はずれが2回であったとします．どういう判定を下すべきでしょうか．まず，いままでと同じように「マダムには香水判別能力がない」という仮説をたててみます．そして，その仮説が正しいと考えられるか，

まちがっていると考えるほうがよいか，検定してみようというわけです．

もし，マダムに判別能力がぜんぜんなく，でたらめを言っているとすると，10回のうち正解が何回でるかは，二項分布にしたがいます．すなわち，53ページで説明したように，10回のうちr回だけ当たる確率$P(r)$は

$$P(r) = {}_{10}C_r \left(\frac{1}{2}\right)^r \left(\frac{1}{2}\right)^{10-r}$$

で計算されます．式を少し整理すると

$$\left(\frac{1}{2}\right)^r \left(\frac{1}{2}\right)^{10-r} = \left(\frac{1}{2}\right)^{10}$$

ですから

$$P(r) = {}_{10}C_r \left(\frac{1}{2}\right)^{10} = \frac{{}_{10}C_r}{1,024}$$

です．これを計算するとつぎのようになります．

10回とも正解の確率	0.001
9回だけ正解の確率	0.010
8回だけ正解の確率	0.044
7回だけ正解の確率	0.117
6回だけ正解の確率	0.205
5回だけ正解の確率	0.246
4回だけ正解の確率	0.205
3回だけ正解の確率	0.117
2回だけ正解の確率	0.044
1回だけ正解の確率	0.010

7 能力を判定する

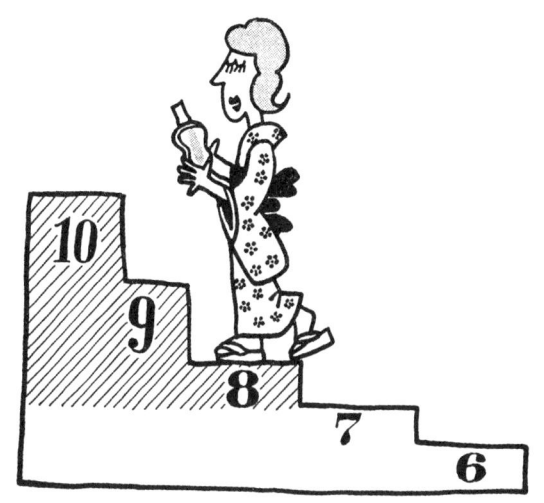

10回中8回正解なら
8回＋9回＋10回の確率が問題

　　　ぜんぶはずれる確率　　0.001

「マダムに香水判別能力がない」という仮説を信用すると，10回のテスト中，ちょうど8回だけ正解である確率は0.044，すなわち，4.4％にすぎません．これは，小さい確率です．それでは，この仮説は捨てて，「能力がある」という判決を下すことにしましょうか．

ところが，ちょい待ち，です．もしも，8回だけ正解のときに仮説を捨てて「能力がある」と判定をするなら，9回だけ正解のときにも，10回とも正解のときにも，当然，「能力がある」と判定しなければなりません．ですから，8回正解という実績から「能力がある」と判定をするときには，8回以上正解という確率，つまり

$$0.044 + 0.010 + 0.001 = 0.055$$

という確率が小さいか小さくないかを判定の基準にしなければなりません．5.5％という確率は，統計学の約束では，必ずしも小さいとはいえません．ということは，10回のテストのうち8回が正解であったという実績だけでは，「マダムに香水判別能力がない」という仮説を捨てることができないということです．もっとテストをしてみなくては，判定能力があるともないともいえない，というのが結論です．

さて，これまで私達は，「マダムに判別能力がない」という仮説をたて，それが正しいかどうかを検定してきました．が内心ではその仮説が成り立つ確率が小さくて，仮説を捨てることができれば，結論が出せるからいいな，と希望していました．さもないと，「もっとテストしてみないと何ともいえない」ということになってしまって，はなはだおもしろくないからです．仮定をたててものごとを考えるときには，その仮定を利用しようとしたり，証明しようとしたりするのがふつうですから，私達の仮説のたて方はずいぶんふう変りなやり方です．捨てることを希望してたてた仮説という意味で，こういう仮説は**帰無仮説**などと呼ばれています．

いままでは，「マダムに判別能力がない」という仮説をたてて，それを否定し，「マダムに判別能力がある」という結論を出そうと試みたのですが，反対に「マダムに判別能力がある」という仮説をたて，その仮説が成り立つ確率が小さいことを証明して「マダムに判別能力があるとはいえない」という結論を出そうと試みるのも，一つの方法であるように思えます．ところが，こういう仮説のたてかたは，うまくいきません．「判別能力がある」という程度にはいろいろあって，100％判別できるときでも，80％でも，55％でも，あるいは54.32％でも，要するに，いくらでも段階があるからです．無数にあるこれらの

段階のひとつひとつについて,「100%の判別能力があるとはいえない」,「80%の判別能力があるとはいえない」と,片っぱしから検定をしないと,「判別能力がない」という答が得られません.

'あわてもの' と 'ぼんやりもの'

鼻の大きな犬年のマダムが5回とも香水をかぎ分けたので,マダムに香水判別能力がぜんぜんないならば,そんなことは3%という小さい確率でしか起こらないはずだから,という理由で,「マダムに判別能力がある」と判定し,マダムの判別能力を認めたのでした.そしてこのとき,この判定がまちがっている確率が3%はあるのだ,ということを覚悟のうえで判定を下したのでした.この3%は,いいかえれば,「判別能力がない」という仮説を捨てると判定したけれど,事実は仮説が正しくて,マダムには判別能力がないのが本当だった,という誤りの確率です.正しい仮説をたった5回正解だけで,あわてて捨ててしまったので,これを**あわてものの誤り**と言います.

ところが,検定には,もう一つの誤りの確率を覚悟しておかなければなりません.マダムが4回つづけて正解を言い当てたところで考えてみましょう.マダムに判別能力がぜんぜんなくて,でたらめばかりを言っても,4回つづけて正解を当てる確率が

$$\left(\frac{1}{2}\right)^4 = \frac{1}{16} \fallingdotseq 6.25\%$$

だけあります.この確率は,5%以下を小さいとする約束にしたがえば,小さいとはいえません.すなわち,でたらめで4回つづけて言い当てることもありそうなことだ,と考えて,「判別能力がない」と

あわてもの α
ぼんやりもの β

いう仮説を捨てないことにします．この場合，もし，マダムには判別能力があるのが事実であったらどうでしょう．やっぱり判定は誤りを犯したことになります．4回もつづけて当ててやったのに，まだ判別能力があることに気がつかないのか，ぼんやりものだなあ，というわけで，この誤りを**ぼんやりものの誤り**といいます．

あわてものの誤りの確率は，131ページで述べた危険率とちょうど同じです．とことんなっとくのいくまで調べるという姿勢をとると，危険率，つまり，あわてものの誤りの確率は小さくしなければなりません．しかし，そうするとテストの回数をむやみと増やさなければならず，不能率になります．そこで統計学では，危険率を5％にするのがふつうで，ときには1％にしたり，どうしてもまちがっては困るときには0.1％にしたりします．

ぼんやりものの誤りのほうは，あまり相手にしません．判定を下すに足る確証をつかむのが検定の目的ですから，多少ぼんやりしていて判定が遅れるほうは，大目に見てもらえるわけです．

あわてものの誤りを**第1種の過誤**，ぼんやりものの誤りを**第2種の過誤**というのですが，第1種と第2種では，どちらがどちらだったか，すぐこんがらがってしまうので，あわてものと，ぼんやりもので覚えておいてください．あわてものの誤りを犯す確率をふつうは α と書き，ぼんやりものの誤りのほうの確率を β と書く習慣がありますが，幸いに

  awatemono α （ローマ字のaに相当）

  bonyarimono β （ローマ字のbに相当）

と，ごろが合っていて，覚えやすくできています．

ジャンケンの実力を検定する

おれはジャンケンが強いのだ，といばっている男がいます．ジャンケンは，すばらしい人間の知恵であると私は思っています．日常茶飯事に生ずる小さなもめごとや利害の対立を，いちいち理論闘争や腕力にものをいわせて決着をつけていたのでは，たまったものではありません．そんなときは，誰にも機会均等なジャンケンやくじびきで，神のおぼしめしにしたがって，けりをつけるのが得策です．そういういきさつですから，ジャンケンは誰にも全く公平でないと困ります．それなのに，おれはジャンケンが強い，という男が現われるのはチョンボです．そこで，その男に誰かとジャンケンをやらせて，その戦績から，「その男のジャンケンの実力は，ふつうの人と変わらない」という仮説が捨てられるかどうかを検定してみることにします．

まず，5回戦の戦績は，4勝1敗，つまり5戦4勝でした．ジャンケンの実力がふつうの人と変わらず，ただ運だけで勝ったり負けたりす

るものならば，二項分布の式で計算してみるとすぐわかるのですが

　　　5戦5勝の確率　　3.1 %

　　　5戦4勝の確率　　15.6 %

です．したがって

　　　5勝の確率　　　　3.1 %

　　　4勝以上の確率　　18.7 %

となります．偶然だけでも4勝以上する確率が18.7 %もあります．これは決して小さい確率とはいえません．したがって「その男のジャンケンの実力はふつう並だ」という仮説を捨てるわけにはいきません．

　つづけて10回戦までやらせたところ，8勝を上げました．二項分布の式で計算すると

　　　10戦10勝の確率　0.1 %

　　　10戦9勝の確率　　1.0 %

　　　10戦8勝の確率　　4.4 %

ですから

　　　10勝の確率　　　　0.1 %

　　　9勝以上の確率　　　1.1 %

　　　8勝以上の確率　　　5.5 %

となります．ふつう並の力でも，8勝以上する確率が5.5 %あります．きわどいところですが5 %という'小さい確率の基準'に合格しません．それで，まだ，「ふつう並の力だ」という仮説は捨てきれません．

　ところが，もっとジャンケンをつづけて15回戦までテストした結果，15戦12勝という成績を上げてしまいました．5戦4勝も，10戦8勝も，15戦12勝も，いずれも勝率は8割で同じなのですが，今度はどういう判定がでるでしょうか．二項分布の式で計算をすると

7 能力を判定する

4/5：強いとはいえない
8/10：強いとはいえない
12/15：強いといえる

15戦15勝の確率　0.0％
15戦14勝の確率　0.0％
15戦13勝の確率　0.3％
15戦12勝の確率　1.4％

となりますので

15勝の確率　　　0.0％
14勝以上の確率　0.0％
13勝以上の確率　0.3％
12勝以上の確率　1.7％

ということになります．ふつう並の力で12勝以上の勝星を上げる確率は，たった1.7％です．これは，小さな確率で，こんなことが起こったと考えるよりは，仮説がまちがっているのだと考えざるをえません．したがって，仮説を捨てて，「この男のジャンケンの実力は，ふ

つう並より強いのだ」と判定を下すことになります.

このように

　　　5戦　　4勝
　　10戦　　8勝
　　15戦　　12勝

は,勝率が同じであっても価値がちがいます.データの数が多いほうが,そのデータの内容について説得力が強いという統計の基本法則がここでも実証されています.3打数1安打のバッターと30打数10安打のバッターのどちらが監督やファンの信頼を集めうるか,いわずもがなです.

　豊臣秀吉が朝鮮に兵を出したとき,遠征の道すがら,主だった部下達を連れて安芸の宮島に参拝し,遠征の成功を祈ったときの話があります.秀吉は,100枚のおさい銭を投げながら,「表がたくさん出れば,わが軍の勝利だぞ」,と叫んだというのです.驚くなかれ,100枚のおさい銭は100枚とも表が出ました.長年にわたる国内の戦いで少々グロッキー気味だった将兵の士気も,これで大いに上がった,というおめでたい話です.その当時は,それでよかったのですが,なまじ,'検定'を知ってしまった私達としては,簡単に承服できません.「おさい銭の表と裏とが同じように出やすい」という仮説をたてて検定してみましょう.偶然だけで100枚とも表になる確率は気の遠くなるほど小さい確率です.それは,地球上の人間がそれぞれ100枚の10円玉を持って朝から晩まで休みなく何百万年も投げ続けても,まず絶対に起こらないと考えてよいほど,小さい確率です.ですから,このおさい銭は表が出やすいに違いない,と判断してさしつかえありません.このくらいデータが多いと,計算してみるまでもなく判定が下せ

量目のごまかしを見つける

みみっちい話ですが，毎日買う食パンが，どうもこの頃小さいような気がするのです．1斤は600グラムだと思っていたら，1斤には600グラムの場合と450グラムの場合とがあって，砂糖などには600グラムのほうが使われ，パンには450グラムのほうが使われるのだそうです．鉄1貫目と綿1貫目ではどちらが重いか，というひっかけクイズが昔からありますが，1斤が450グラムなら，1斤のパンは450グラムのはずです．実際には，製造工程に多少のむらがあるでしょうから，450グラムよりいくらか多かったり少なかったりすることはやむをえません．平均して450グラムであれば，正しい量目で食パンが作られていると考えてよいでしょう．

さて，この頃の食パンは少し量目をごまかしているのではないかと疑った私は，毎日買ってくる食パンの重さを測って記録してみました．1週間の記録は，グラム単位で

　　　440　　　458
　　　434　　　446
　　　450　　　422
　　　430

でした．平均値を計算してみると440グラムです．この頃の食パンの平均の重さは450グラムより小さいのでしょうか．それとも，平均はちゃんと450グラムあるのに私の運が悪くて，たまたま小柄な食パンを買ってしまったのでしょうか．

市販されている食パンの平均値が450グラムあるかどうかを判定するために,「食パンの平均値は450グラムである」という仮説をたててみます.この仮説が捨てられなければ,私は運が悪かったとあきらめるし,仮説が捨てられるなら,主婦連のこわいオバサマ方に'食パンの量目ごまかし反対'のおしゃもじデモを始めてもらわねばなりますまい.

私達の仮説は,「食パンの平均値は450グラムである」ことでしたから,私達は,神様だけがご存じの母平均 μ が

$\mu = 450$ グラム

であるとしていることになります.私達は,7つの標本平均 $\bar{x}$ が440グラムであることを知っていますし,また,標本標準偏差 s を計算することもできます.これだけ知っていれば,t 分布の t の値が求められるはずです.念のために,t の式を思い出しておきますと

$$t = \frac{\bar{x} - \mu}{\frac{s}{\sqrt{n-1}}}$$

でした.私達の標本から,この式で t を計算してみて,t 分布表のすその面積が5%であるような t の値より,計算値のほうが大きくなるようなら,「偶然だけでそんな結果になることはめったにない」から私達の仮説は棄てることができ,食パンの量目はごまかされている,と主婦連へ電話をすることになります.

さて,計算をしてみます.s は,7つのデータのそれぞれから440を引き,2乗して,7つともぜんぶ加え,7で割って,平方に開けばよいのでした.計算すると

$s = 11.44$ グラム

になります．tの値は

$$t = \frac{440 - 450}{\frac{11.44}{\sqrt{7-1}}} = -2.14$$

となりました．符号の − はこの際，関係ありませんから，2.14だけでけっこうです．巻末の t 分布表で，n が7のところ（ϕ は6です）を調べると

n	ϕ	両 す そ の 面 積		
		0.10	0.05	0.01
7	6	1.943	2.447	3.707

となっています．したがって，私達の t は，2.447より小さいので，食パンの本当の平均値が450グラムであると仮定しても，私のように運悪く小柄な食パンを買ってくることが「めったにないことだ」とは言えないのです．残念ながら主婦連へ電話をする根拠はないようです．私の運が悪いのだとあきらめるか，もっとたくさんのデータを集めてみるかのどちらかを選ばなければなりません．

量目は少なめに決まっているなら

食パンの重さの検定の思考過程をもう一度，たどってみます．市販されている食パン1斤が平均して450グラムより少ないのではないか，と疑いを抱いた私は，1週間かかって7個のデータを得ました．そして

　　　$\mu = 450$ グラム

という仮説をたててみました．この仮説を検定した結果，この仮説が

捨てられれば主婦連に電話しようと思っていたのですから、内心では、この仮説が棄却できることを期待していたのです。そういう意味で、この仮説は帰無仮説(134ページ)でした。

この仮説を検定するのに、私達は t という値を使いました。t の値は、私達の手持ちのデータから求めた $\bar{x}$ と s と、それに、本当の平均 μ とがあれば計算できるし、t がどういう分布をするかは先輩達が調べて数表にしてくれてあるからです。そして、私達の t が、偶然だけではめったに起こらないほど大きな値であれば、市販されている食パンの平均値が450グラムであるという仮説がまちがっている、すなわち、450グラムであるとは考えられない、といって文句を言おうと考えたわけです。ところが、調べてみると、私達の t は、文句を言う根拠となるほど大きな値ではありませんでした。私達の t は2.14だったし、文句を言うには、t が2.447以上でないとまずかったからです。

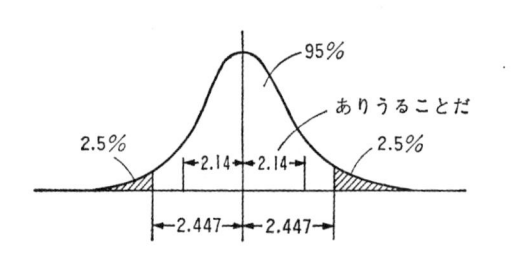

けれども、もう一度、考え直してみます。私達が t 分布表の5％のところから求めた値は2.447なのですが、この5％は、t 分布の両すそに2.5％ずつ分かれている面積です。t の値が2.447より大きかったり、－2.447より小さかったりすることは5％しかない、という意味です。ということは、私達は、市販されている食パンの平均値が450グラムより不当に小さくても、また、不当に大きくても文句をつけようという姿勢で検定をしていたことになります。けれども、食パンが大

7 能力を判定する

きすぎるからといって文句を言うすじあいはなさそうです．にんまり笑っておけばすむことです．それにだいいち，規格より大きな食パンをサービスするほど，肝っ玉のでかいパン屋さんもなさそうです……．

それなら，t分布の両すその面積でものを考えるのはおかしくないでしょうか．そのとおりです．もし，市販されている食パンの平均値が450グラムであれば，tの値がこんなに小さく（マイナスの値で大きく）なることは5％以下であるはずだ，というのなら，t分布の左側のすその面積が5％になるようなtと比較するほうが正しいと考えられます．片すその面積が5％になるtは，t分布の数表で，両すその面積が10％になるようなtを読めばよいはずですから，$n = 7$なら

$$t = 1.943$$

です．市販されている食パンの平均値μが450グラムであると仮定すると，tが1.943より大きな絶対値になることは5％以下であることになります．私達のtは2.14でしたから，これは，私が不運であったと判断するよりは，市販されている食パンの平均値が450グラム以下であると考えるほうが当を得ています．さあ，主婦連に電話です．

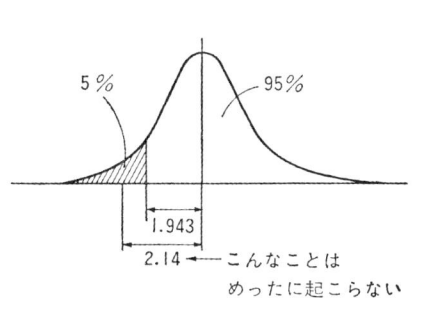

前の節のように，両すその面積を対象とした検定を**両側検定**といい，この節のように，片すその面積を対象とした検定を**片側検定**といいます．平均値が大きいか小さいかわからない，あるいは大きいときも小さいときも問題にするような場合には両側検定を行ない，小さい

ほうだけ，あるいは，大きいほうだけを問題にすればよいことがはっきりしていれば，片側検定を行なえばよいわけです．

右ききは右手が大きい

日本人は，左よりも右ききの人が圧倒的に多いのですが，右ききの人はどうしても右手を多く使うので，左手と比べて右手のほうが大きいという説があります．さいわい，私の家族は3人とも右ききなので，その説が本当かどうか検定してみようと思いたちました．左右の腕の長さを測って比較しようかと考えたのですが，いざ測ってみると，人間の腕の長さはどこからどこまでなのかよくわからなくて，測定誤差が大きそうなので，手のひらをいっぱいに広げて親指の先から小指の先までの広がりを測ることにしました．結果はつぎのとおりです．

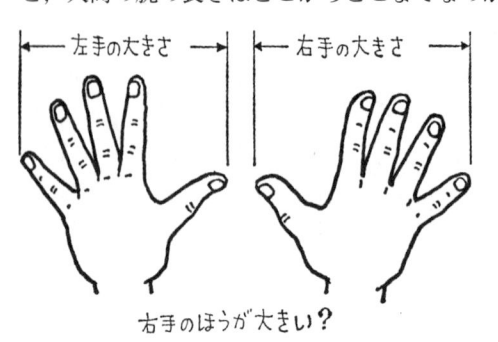

	右　手	左　手	右と左の差
私	212mm	208mm	4mm
妻	194mm	188mm	6mm
娘	160mm	158mm	2mm

このように，対になったデータを取り扱うときには，右手の3つのデータと左手の3つのデータを別個のものとして取り扱うのは正しく

7 能力を判定する

ありません．右手の大きい人は一般に左手も大きいので左右のデータがそれぞれ独立ではないからです．それで，各人の右の手と左の手との差

  4, 6, 2

について考えることにします．この 4, 6, 2 は別人のデータですから独立と考えてよいからです．本当をいうと，私達 3 人の家族のデータから，右ききの人の一般的傾向を推論するのは感心しません．右ききの人の半分は男でしょうが，私の家族では男は 1/3 ですし，大人と子供の割合も正しくはないでしょうし，遺伝の問題もからんできそうです．けれども，そこのところはちょっと目をつぶっていただいて，大人も子供も，男も女も含んでいるという意味で，うちの家族が右ききの人達から偶然に指名された標本だと考えてみましょう．

 もし，右ききの人でも一般的にいって左右の手の大きさに差がないならば，'左と右の差' のデータは個人差のために +2 mm とか − 3 mm とかのばらついた値が測定されるでしょうが，平均すれば 0 になるはずです．つまり，0 を平均値として正規分布するものと考えられます．そこで，右ききの人が一般的にいって，右手のほうが大きいか否かを検定するには

  4, 6, 2

の 3 つの値が 0 を平均値とする正規分布からとり出されたものかどうかを検定すればよいことになります．いいかえれば

  $\mu = 0$

という仮説をたてて，4, 6, 2 というプラス側に偏った値ばかりがとり出される確率が 5％ より大きいか小さいかを判定すればよいわけです．そして，その確率が 5％ より小さければ

$\mu = 0$

の仮説を捨てて,「右ききは右手が大きい」に軍配を上げることにします.

さて,これも t 分布を利用した **t 検定**ができそうです.

$$\bar{x} = \frac{4+6+2}{3} = 4$$

$$s = \sqrt{\frac{(4-4)^2 + (6-4)^2 + (2-4)^2}{3}} = 1.63$$

$$t = \frac{4-0}{\frac{1.63}{\sqrt{3-1}}} = 3.47$$

t 分布の表で n が 3 のところを調べると

n	ϕ	両すその面積 P		
		0.10	0.05	0.01
3	2	2.920	4.303	9.925

となっています.右ききの人が,一般的にいって右手のほうが小さいということは考えられません.ですから,この場合は片側検定をやればよいと思われます.片すその面積が 0.05,つまり,両すその面積で作ってある t 分布表では面積が 0.10 のところの t の値と比較すればよいはずです.表から

$t = 2.920$

ですから,4,6,2 の 3 つのデータから求めた t の値 3.47 のほうが大きな値です.すなわち,もし

$\mu = 0$

と仮定すれば，4，6，2というプラス値にばかり偏った値が偶然にそろう確率は5％より小さいと判定されました．たった3人のデータからでも，右ききの人は右手が大きいと考えてよさそうです．

左ききの家族の方がおられたら，左手が大きいといえるかどうか検定をして，結果を教えていただけないでしょうか．

クイズ

北海道高校と九州高校が野球の試合をしました．5回戦の結果はつぎのとおりです．

北海道高校		九州高校
3	—	0
4	—	1
1	—	2
8	—	3
10	—	0

北海道高校のほうが強いと判定してよいでしょうか．検定の仕方も，2〜3とおりはありそうです．考えてみてください．

(答は ☞ 283ページ)

ひとやすみ

地獄はしろうと音楽家で満員だ

— バーナード・ショー

天国はしろうと統計家で満員だ　　　　　　　　— H・O

応用編

汝ら真理を知らん，しからば真理は汝らに自由を得さすべし
— ヨハネ伝から

汝ら統計を知らん，しからば統計は汝らに判断を得さすべし
— H・O

8 実験は楽しく有効に

クイズを進呈

　クイズをひとつ……．ここに，金の指輪とプラチナの指輪があります．両方とも高価なものなので，天秤でそれぞれの重さを精密に測っておきたいのです．まず，金のほうを測ります．w_1 グラムのおもりを乗せてちょうどつり合いました．金の指輪の重さは w_1 グラムだと決める前に，ちょっと考えてください．こういう測定には誤差がつきものです．おもりの重さにも多少の誤差があるかもしれませんし，秤も見えないぐらいどちらかに傾

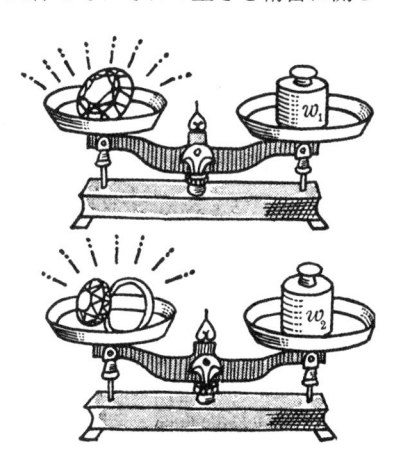

いているかも知れません．ですから，本当は

  金の指輪の重さ $= w_1$ グラム $+ (\varepsilon)$

と考えるほうが正しいはずです．ε（イプシロン）は測定誤差で，0を平均値としたある正規分布

  $N(0,\ \sigma^2)$

から偶然に選び出された1つの値です．ε は，その正規分布にしたがって変動する値であるという意味で，式には( )をつけておきました．通常は，(ε) が w_1 に比べて非常に小さいし，——(ε) がいつも小さい秤は精度のよい秤です——また，(ε) がどんな値なのか知ることができないので

  金の指輪の重さ $= w_1$ グラム

とみなしているわけです．

 つぎに，プラチナの指輪の重さを測りました．w_2 のおもりでちょうどつり合ったので

  プラチナの指輪の重さ $= w_2$ グラム $+ (\varepsilon)$

と考えます．ε は，やはり

  $N(0,\ \sigma^2)$

にしたがう値で，金の指輪のときの ε とは，必ずしも同じではありません．この場合も，(ε) は小さいし，知ることもできないので

  プラチナの指輪の重さ $= w_2$ グラム

とせざるをえません．ここまでは，ふつうの測り方です．2個のものの重さを，それぞれ1個ずつ，つごう2回の測定で測っているので何のへんてつもありません．ところが，ここに少々おへそが歪んだ男がいます．どうせ2回の測定をやるなら，こんな測り方をしたらどうだろうと考えたのです．つまり，1回目には両方の指輪とも左の皿に

8 実験は楽しく有効に

乗せ，右の皿にw_3グラムのおもりを乗せてつり合わせます．2回目には，両方の指輪を左右べつべつの皿に乗せ，軽いほうにw_4グラムのおもりを乗せてつり合わせます．そして

　　　金＋プラチナ＝w_3グラム

　　　金＝プラチナ＋w_4グラム

の2つの方程式から，金とプラチナの重さを求めてやろうと考えたのです．この2つの方程式を連立させて解けば

$$金 = \frac{w_3 + w_4}{2} グラム$$

$$プラチナ = \frac{w_3 - w_4}{2} グラム$$

が求められますから……．

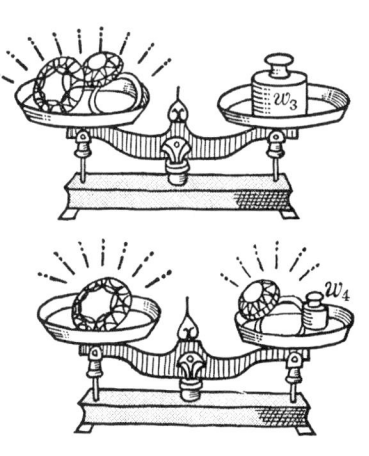

クイズは，この測り方が前に述べたふつうの測り方と比べて，すぐれているだろうか，同じだろうか，それとも劣るだろうかということです．測り方がすぐれているというのは，同じ測定回数で測定誤差が少ないということです．考えてみてください．ただし，今度の測り方の場合も，測定誤差は

　　　$N(0, \sigma^2)$

にしたがうものとします．すなわち

$$* \begin{cases} 金＋プラチナ = w_3 グラム + (\varepsilon) \\ 金 = プラチナ + w_4 グラム + (\varepsilon) \end{cases}$$

で，(ε)は$N(0, \sigma^2)$にしたがう値とする，ということです．

さて、考え方はつぎのとおりです。測定誤差(ε)を含んだまま、*の2つの方程式を連立させて解いていきます。運算の過程で

$$(\varepsilon) - (\varepsilon) = 0$$
$$(\varepsilon) + (\varepsilon) = 2(\varepsilon)$$

とはならないことに注意してください。(ε)は、すべて

$$N(0, \sigma^2)$$

の正規分布から偶然にとり出された1つの値です。非常に小さい値であることも、わりと大きい値であることもあります。ですから、(ε)から別の(ε)を引いても0になるとはかぎりません。

しかし、私達は

$$N(0, \sigma^2)$$

からとり出した2つの値の差も、和も

$$N(0, 2\sigma^2)$$

の正規分布にしたがうことを知っています。おらー、知んねぇぞ、という方は79ページと98ページをお開きください。(ε)は標準偏差σの正規分布からとり出された値ですし、(ε)+(ε)と(ε)-(ε)はともに標準偏差$\sqrt{2}\,\sigma$の正規分布からとり出された値です。ですから、

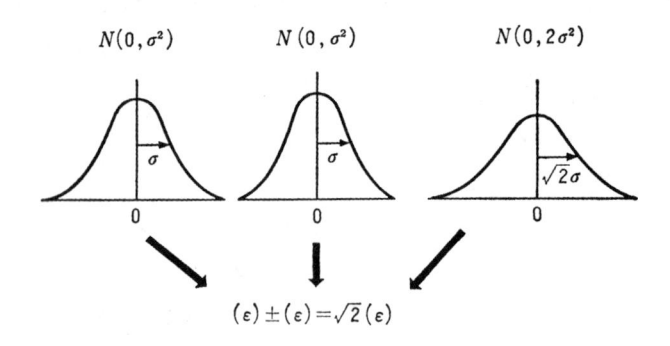

$$(\varepsilon) \pm (\varepsilon) = \sqrt{2}\,(\varepsilon)$$

8 実験は楽しく有効に

$(\varepsilon)+(\varepsilon)$ も $(\varepsilon)-(\varepsilon)$ も (ε) より $\sqrt{2}$ 倍だけ大きな値になります. すなわち

$$(\varepsilon)-(\varepsilon)=\sqrt{2}\,(\varepsilon)$$
$$(\varepsilon)+(\varepsilon)=\sqrt{2}\,(\varepsilon)$$

と書けます.こういう書き方は数学的には,実は,正しくありません.統計の本では,こういうとき,もう少しむつかしい表現が使われています.けれども,この本は統計の考え方をお伝えするのが主目的ですから,数学的表現のあいまいさは,許していただくことにして,ふつうには加減乗除ができないぞ,という意味で ε には ( ) をつけて区別することにしました.

さて,それではさきほどの＊の式を解いてみましょう.

$$* \begin{cases} 金 + プラチナ = w_3 \text{グラム} + (\varepsilon) \\ 金 \quad\quad\quad = プラチナ + w_4 \text{グラム} + (\varepsilon) \end{cases}$$

この2つの式の両辺をそれぞれ加えると

$$2金 = w_3 + w_4 + (\varepsilon) + (\varepsilon)$$

$$金 = \frac{w_3 + w_4}{2} + \frac{\sqrt{2}\,(\varepsilon)}{2}$$

$$= \frac{w_3 + w_4}{2} + \frac{(\varepsilon)}{\sqrt{2}}$$

となりますし,上の式から下の式を引くと,同じような手順で

$$プラチナ = \frac{w_3 - w_4}{2} + \frac{(\varepsilon)}{\sqrt{2}}$$

となります.

金の指輪とプラチナの指輪を,それぞれ別個に測定するふつうのやり方の場合には,測定値に,それぞれ (ε) だけの誤差が含まれていま

した，けれども，へそ曲りの測定法では，金もプラチナも測定誤差が $1/\sqrt{2}$ 倍に減っているではありませんか．へそ曲りの測定法の勝ちです．

なぜ，こういう結果になったのでしょうか．それは，つぎのように考えられます．ふつうの測定法では，金の指輪の重さについての情報が，1回目の測定にしか生かされていません．2回目は，金の指輪は全く関係なく，プラチナのほうが測られたのですから……．これに対して，へそ曲りのやり方では，金の指輪の重さについての情報が，2回の測定に参加しています．そのために，へそ曲りのやり方のほうが，本当の重さをより正確に推定できたのです．

くふうのない実験

同じような例をもうひとつ……．ダイヤモンドと並んでミンクのコートはご婦人のあこがれの的であるようです．スタインベックの『二十日ねずみと人間』に，二十日ねずみのビロードにも似た毛皮の手ざわりがいとしくてたまらない男が書かれています．少しばかり知恵のおくれた男なのですが，ミンクのコートにあこがれるご婦人が少しばかり知恵がおくれていると，言いたいわけではありません．統計の話をしようというのです．

ミンクはもともと野生の動物ですが，近頃では，日本でも北海道などで養殖されているようです．養殖が企業として成功するためには，ミンクにどんどん成長してもらわなければなりません．ミンクの成育の仕方は，餌や日当りや運動のさせ方などによってだいぶ差がありそうです．そこで

8 実験は楽しく有効に

{ 魚類を餌にする
{ 肉類を餌にする
{ 日当りを良くする
{ 日当りを悪くする

の2つの条件によって，ミンクの成育がどう違うかを実験してみることにします．

第1の実験は，ミンクの1つのグループには魚を与え，他のグループには肉を与えて，その他の条件は同じにして，成長の仕方を比較することです．そして，これとは別に第2の実験を計画します．こんどは，ミンクの別のグループは十分に日光を当てて，他のグループは日光に当て

第1の実験

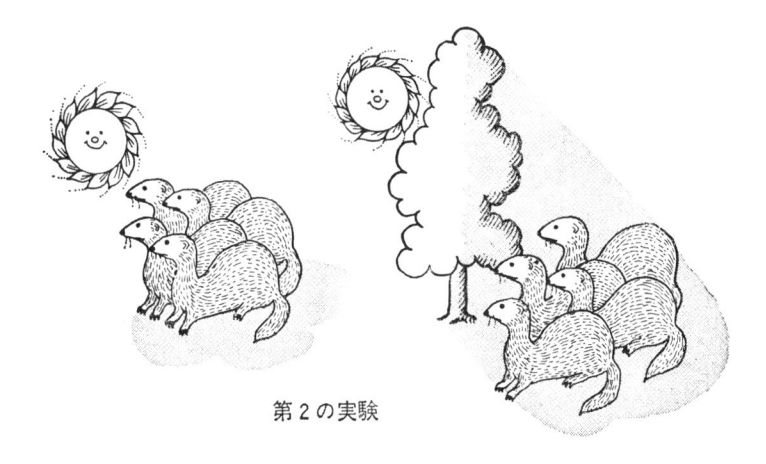

第2の実験

ないようにして,その影響を比べます.つごう4つのグループが実験に供せられることになります.

 第1の実験を一定の期間つづけたところ

$$\text{魚類を餌にしたグループの体長の平均} \quad 41\,\text{cm}$$
$$\text{肉類を餌にしたグループの体長の平均} \quad 39\,\text{cm}$$

となりました.41 cmも39 cmも偶然による誤差を含んだ値なので,これを

$$41\,\text{cm} = F_1 + (\varepsilon)$$
$$39\,\text{cm} = F_2 + (\varepsilon)$$

と書いてみます.F_1は魚を餌にして育ったミンクの本当の平均体長で,F_2は肉を餌にして育ったミンクの本当の平均体長です.ここで

$$F_1 = m + F$$
$$F_2 = m - F$$

と書き直します.つまり,F_1とF_2のちょうど中央に架空の平均値mを考え,魚を餌にしたために,架空の平均値よりFだけ体長が増え,肉を餌にしたために,架空の平均値よりFだけ体長が減ったと考えるのです.いいかえれば,餌を肉から魚に変えると,体長に$2F$の影響があるということです.この例では,魚を餌にしたほうが成長がいいのでFは正の値ですが,肉のほうが成長がよければFは負の値になります.そうすると

$$41\,\text{cm} = m + F + (\varepsilon)$$
$$39\,\text{cm} = m - F + (\varepsilon)$$

となります.上の式から下の式を引くと

$$(\varepsilon) - (\varepsilon) = \sqrt{2}\,(\varepsilon)$$
$$(\varepsilon) + (\varepsilon) = \sqrt{2}\,(\varepsilon)$$

8 実験は楽しく有効に

であることを思い出して
$$2\,\text{cm} = 2F + \sqrt{2}\,(\varepsilon)$$
となり，成長に対する餌の影響$2F$は
$$2F = 2\,\text{cm} + \sqrt{2}\,(\varepsilon)$$
となります．すなわち，魚を餌にしたほうが，肉を餌にするより2cmだけ大きく成長すると判断するのですが，この2cmには$\sqrt{2}\,(\varepsilon)$だけの誤差を含んでいるということです．

第2の実験では

　　日当りを良くしたグループの
　　　　平均体長　42 cm
　　日当りを悪くしたグループの
　　　　平均体長　38 cm

という結果が得られました．第1の実験結果を整理したときと同じように日当りの影響を$2S$で表わすと
$$42\,\text{cm} = m' + S + (\varepsilon)$$
$$38\,\text{cm} = m' - S + (\varepsilon)$$
ですから
$$2S = 4\,\text{cm} + \sqrt{2}\,(\varepsilon)$$
となります．

　結論をまとめると，つぎのようになりました．
（1）　餌は，肉より魚のほうがよく，体長に2cmの差ができる．
　　　ただし，この2cmには$\sqrt{2}\,(\varepsilon)$の誤差が含まれる．

（2） 日当りは良いほうがよく，体長に4cmの差ができる．ただし，この4cmには $\sqrt{2}\,(\varepsilon)$ の誤差が含まれる．

実験のやり方をくふうすると

前の節の実験のやり方には，くふうがありません．肉についての情報は第1の実験から得られるだけで，第2の実験からは得られません．日当りについては，その逆です．そこで，肉の情報も日当りの情報も，両方の実験から，つまり，4つのグループから得られるようにくふうしてみましょう．

4つのグループに，つぎのように条件を与えます．

	餌	日 当 り
第1グループ	魚	良
第2グループ	魚	不 良
第3グループ	肉	良
第4グループ	肉	不 良

こういう条件で，一定の期間，実験したところ

     第1グループの平均体長　　43 cm

     第2グループの平均体長　　39 cm

     第3グループの平均体長　　41 cm

     第4グループの平均体長　　36 cm

という結果になりました．これらの値には，相変わらず偶然による誤差が (ε) だけ含まれています．前の節と同じに

8　実験は楽しく有効に

$$餌の影響 \begin{cases} 餌が魚 & F \\ 餌が肉 & -F \end{cases}$$

$$日当りの影響 \begin{cases} 日当り良 & S \\ 日当り不良 & -S \end{cases}$$

と書き，架空の平均値を m とすると

$$43\,\text{cm} = m + F + S + (\varepsilon) \qquad ①$$

$$39\,\text{cm} = m + F - S + (\varepsilon) \qquad ②$$

$$41\,\text{cm} = m - F + S + (\varepsilon) \qquad ③$$

$$36\,\text{cm} = m - F - S + (\varepsilon) \qquad ④$$

という4つの方程式ができます．

①から③を引くと

$$2\,\text{cm} = 2F + \sqrt{2}\,(\varepsilon) \qquad ⑤$$

が求まり

$$2F = 2\,\text{cm} + \sqrt{2}\,(\varepsilon)$$

となります．この式からは $\sqrt{2}\,(\varepsilon)$ はプラスでなくてマイナスになるのですが，(ε) は0を中心にした正規分布からとり出される値ですから，もともと，プラスにもマイナスにもなりうるので，どちらの符号をつけても同じことです．

さて，ここでわかったことは，「餌は，肉より魚のほうが良く，体長に2cmの差ができる．ただし，この2cmには $\sqrt{2}\,(\varepsilon)$ の誤差が含まれる」ということです．前の節の結論と少しも変わりません．それもそのはず，せっかく4つのグループに餌と日当りの両方の情報を含ませながら，まだ2つのグループの情報しか使っていないのです．そこで，4つの方程式のうち，まだ使っていない2つの方程式を利用します．

②から④を引くと

$$3\,\text{cm} = 2F + \sqrt{2}\,(\varepsilon) \qquad ⑥$$

が得られます．⑤と右辺が同じなのに左辺が違っているのは変じゃないか，と考えて，いや変じゃないのだ，と気がつけば100点です．⑤とこの式とは，右辺も同じでないのです．なぜなら，右辺の(ε)は，ともに$N(0,\sigma^2)$からとり出された1つの値という意味であって，値そのものが，同じであるとはかぎらないはずですから……．⑤と⑥とを加えると

$$5\,\text{cm} = 4F + 2(\varepsilon) \qquad ⑦$$

となります．これで，4つの実験の情報をぜんぶ使ったことになります．なぜ，$\sqrt{2}\,(\varepsilon)$と$\sqrt{2}\,(\varepsilon)$とを加えて$2(\varepsilon)$になるのでしょうか．もう，おらー，知んねえぞ，は困ります．

$$\sqrt{(\sqrt{2}\,(\varepsilon))^2 + (\sqrt{2}\,(\varepsilon))^2} = 2(\varepsilon)$$

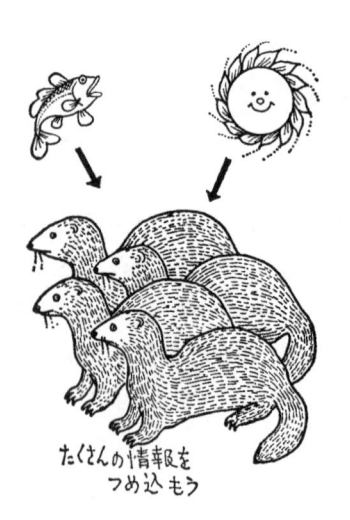

だからです．

いま求めた⑦から餌の影響$2F$を計算すると

$$2F = 2.5\,\text{cm} + (\varepsilon)$$

が得られます．

全く同じ手順で，①−②と③−④とを加えると

$$2S = 4.5\,\text{cm} + (\varepsilon)$$

が求まります．結論をまとめると

（1） 餌は，肉より魚のほう

8 実験は楽しく有効に

がよく，体長に 2.5 cm の差ができる．ただし，この 2.5 cm には（ε）の誤差が含まれる．

（2） 日当りは良いほうがよく，体長に 4.5 cm の差ができる．ただし，この 4.5 cm には（ε）の誤差が含まれる．

ということになります．前の節の結論と比べると，同じく 4 グループについて実験をしたのに推定の誤差が $1/\sqrt{2}$ に減っていることがわかります．農産業や畜産業では，実験に長い期間とかなりの費用がかかるのに，偶然による誤差（ε）が大きくて，得られた結果が信用できるかどうか疑わしい場合が少なくありません．ですから，誤差を少しでも減らすことには大きな価値があります．金とプラチナの指輪の例でも，ミンクの例でも，情報が得られる実験の数が 2 倍になると，誤差は $1/\sqrt{2}$ に減ることがわかりました．一般に，実験の数が n 倍になると，誤差は $1/\sqrt{n}$ になります．実験を計画するときには，一つの実験になるべく多くの情報を含ませるように配慮すべきです．

実験をせずに結果を知る

ミンクの成長に影響する要因は餌と日当りばかりではありません．そのほかにもいろいろありそうです．そこで餌と日当りのほかにもう一つ，運動をさせるか，させないか，の影響も実験に組み入れてみたいと思います．すなわち

$\begin{cases} 魚を餌にする \\ 肉を餌にする \end{cases}$

$\begin{cases} 日当りを良くする \\ 日当りを悪くする \end{cases}$

$$\begin{cases} 運動をさせる \\ 運動をさせない \end{cases}$$

の3つの条件の組合せで実験をすることにします．前の節では条件が2つだったので組合せの数は4つだったのですが，今度は，条件が3つなので組合せの数はつぎのとおり8つに増えました．

	餌	日当り	運 動
第1グループ	魚	良	させる
第2グループ	魚	良	させない
第3グループ	魚	不良	させる
第4グループ	魚	不良	させない
第5グループ	肉	良	させる
第6グループ	肉	良	させない
第7グループ	肉	不良	させる
第8グループ	肉	不良	させない

8組ものミンクのグループを条件どおりにめんどうみるのもやっかいですし，それに，実験の結果，成育の悪かったグループから生ずる損害も無視できません．なるべく実験の組数を減らしたいのですが，どうしても8組が必要でしょうか．

ところが，調子よくできていて，4組の実験で餌の影響，日当りの影響，運動の影響の3つともわかるくふうがあるのです．さきほどの8つの組合せのうち，つぎの4つの組合せについてだけ実験を行なってみます．

	餌	日当り	運 動
第1グループ	魚	良	させる
第4グループ	魚	不良	させない
第6グループ	肉	良	させない
第7グループ	肉	不良	させる

8 実験は楽しく有効に

こういう条件で一定の期間，実験をしたところ，つぎのような成績が得られました．

第1グループの平均体長　a

第4グループの平均体長　b

第6グループの平均体長　c

第7グループの平均体長　d

前と同じように，架空の平均 m を考えて

餌 の 影 響 $\begin{cases} 餌が魚 & F \\ 餌が肉 & -F \end{cases}$

日当りの影響 $\begin{cases} 日当り良 & S \\ 日当り不良 & -S \end{cases}$

運動の影響 $\begin{cases} 運動させる & M \\ 運動させない & -M \end{cases}$

と書きます．誤算の項（ε）は，今回は，ちょっと横にどけておくことにします．そうすると，実験結果は

$a = m + F + S + M$ ①

$b = m + F - S - M$ ②

$c = m - F + S - M$ ③

$d = m - F - S + M$ ④

という成り立ちであることになります．この式には，4つの未知数 m, F, S, M がありますが，4つの式があるので，ぜんぶ求められるはずです．

①から③をひくと

$a - c = 2F + 2M$

②から④をひくと

$$b - d = 2F - 2M$$

この両式を加えると

$$a - c + b - d = 4F$$

すなわち,餌の影響分 F は

$$F = \frac{a + b - c - d}{4}$$

となります.同様に,①-②と③-④とを加えると

$$S = \frac{a - b + c - d}{4}$$

が求められ,また,①-②と④-③とを加えると

$$M = \frac{a - b - c + d}{4}$$

が得られます.そして,私達の架空の平均 m は①+②+③+④としてやれば

$$m = \frac{a + b + c + d}{4}$$

であることがわかります.

　餌と日当りと運動の3つの条件を組み合わせると8グループの実験が必要なはずでした.けれども,私達は4グループについてしか実験をしておりません.まだ実験が行なわれていない組合せは

	餌	日当り	運 動
第2グループ	魚	良	させない
第3グループ	魚	不 良	させる
第5グループ	肉	良	させる
第8グループ	肉	不 良	させない

8 実験は楽しく有効に

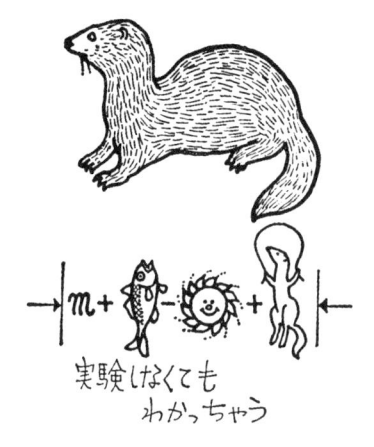

実験しなくても
わかっちゃう

の4つです．この4グループについては実験をしていないので実験結果はないのですが，実験をしなくても，どんな結果になるかを推理できるところが，この節のミソです．

餌，日当り，運動の影響を，前と同じように F, S, M で表わすと

$$第2グループ = m + F + S - M$$
$$第3グループ = m + F - S + M$$
$$第5グループ = m - F + S + M$$
$$第8グループ = m - F - S - M$$

となります．すでに，m, F, S, M はすべて計算されていますから，これらはぜんぶ簡単に求めることができます．

たとえば，実験した4つのグループの結果が

$$第1グループの平均体長 \quad a = 42 \text{ cm}$$
$$第4グループの平均体長 \quad b = 40 \text{ cm}$$
$$第6グループの平均体長 \quad c = 44 \text{ cm}$$
$$第7グループの平均体長 \quad d = 34 \text{ cm}$$

であったとします.そうするとこの結果を利用して

第2グループの平均体長は　46 cm

第3グループの平均体長は　36 cm

第5グループの平均体長は　40 cm

第8グループの平均体長は　38 cm

になることが推定されます.実験をやってみなかった第2グループ,つまり,魚を与えて日当りを良くし,運動はさせないミンクのグループが,もっともよい発育をするであろう,という結論を得たわけです.運算の道程は,きわめて簡単ですから,各人で試みてください.Fは1,Sは3,Mは-2,mは40になっているはずですが…….

4グループだけで行なった実験の誤差は,残念ながら,8グループぜんぶの実験をした場合に比べて$\sqrt{2}$倍だけ大きくなります.けれども,6グループを使ったもっともへたな実験,すなわち

aグループ　魚を与える ┐
bグループ　肉を与える ┘ 日当りと運動は同じ条件

cグループ　日当りを良くする ┐
dグループ　日当りを悪くする ┘ 餌と運動は同じ条件

eグループ　運動をさせる ┐
fグループ　運動をさせない ┘ 餌と日当りは同じ条件

から餌と日当りと運動の影響を求める場合に比べれば,実験グループの数は少ないのに,実験の誤差は$1/\sqrt{2}$に減っています.へたな6グループの実験では,餌の情報は2つだけなのに,私達の4グループの実験には4つの餌の情報が組み込まれているからです.

8 実験は楽しく有効に

上手な実験計画は
お金と時間を生み出す

実験計画法へのお誘い

8グループの組合せのうち，4グループの実験結果から，8グループのすべての結果を知ることができましたが，どの4グループを実験すればよいかは，どうしたらわかるのでしょうか．どの4グループでもよい，というわけにはいきません．

実験すべきグループの選び方には，つぎのような規則性があります．

餌を $\begin{cases} 魚にする & を \quad F_1 \\ 肉にする & を \quad F_2 \end{cases}$

日当りを $\begin{cases} 良くする & を \quad S_1 \\ 悪くする & を \quad S_2 \end{cases}$

	S_1	S_2
F_1	M_1	M_2
F_2	M_2	M_1

運動を $\begin{cases} させる & を\ M_1 \\ させない & を\ M_2 \end{cases}$

と書いてみます．そうすると，実験すべきグループの組合せは左の表によって表わされます．すなわち

$F_1\ \ S_1\ \ M_1$

$F_1\ \ S_2\ \ M_2$

$F_2\ \ S_1\ \ M_2$

$F_2\ \ S_2\ \ M_1$

の4組です．FとSとMとは，互いにどう入れ代わってもかまわない

	1	2
1	1	2
2	2	1

	1	2
1	2	1
2	1	2

ので，簡単に左のように数字だけで表わすこともできます．なお，8グループの残りの4グループは，左下の組合せなのですが，こちらの4グループだけを実験しても，8グループの結果を知ることができます．

もし，少しこった実験をする必要があって，たとえば餌の条件を

　　　魚，　　肉，　　人工飼料

の3段階に変え，日当りも

　　　良，　やや良，　不良

の3つの状態で，また，運動は

　　　たくさんさせる，　少しさせる，　させない

の3つに分けて，その組合せで実験しようとすると，3^3，すなわち27グループの実験が必要になります．この場合は，いまのやり方を応用して次の表のような組合せで実験をすると，わずか9グループの実験

8 実験は楽しく有効に

でこと足ります.

これらの表の特徴は, どの行にも, どの列にも全く公平に数字が割り当てられていることです. むかしは, この表を作るとき,

	1	2	3
1	1	3	2
2	2	1	3
3	3	2	1

1, 2, 3……でなく, A, B, C……のラテン文字を使ったのでこういう数字の格子をラテン方格と呼んでいます. 方格は, 中国の言葉で四角な格子という意味です.

実験の計画をするときには, ラテン方格を利用して, 有効な計画をしていただきたいのですが, ひとつだけ注意事項があります. いままでの考えは, たとえば, ミンクの成長に対する餌の影響と, 日当りの影響と, 運動の影響とは互いに独立である, としていたのです. いいかえれば, 日当りや運動には関係なく, 餌は単独でミンクの成長に影響を及ぼすと考えていたわけです. しかし, 厳密にいうと, 餌を魚にしたとき, 日当りを良くしてやると, 餌の影響と日当りの影響の足し算の効果だけでなく, もっと別の効果があるかもしれません. あずきにも栄養があり, こいにも栄養があるのに, 両方をいっしょに食べると中毒をしてなんにもならない, という食い合わせみたいな効果が, です.

このような効果を**交互作用**などと呼び, 交互作用のあるときには, 実験の組み方や解析の仕方は, この章で説明したものより, もう少し複雑です. なお, 餌や日当りのように, 結果に影響を及ぼす原因を**要因**といい, 日当りを, 良, やや良, 不良の3段階に変えるとき, 要因'日当り'に3つの**水準**がある, といいます.

この章の内容は, **実験計画法**といわれる一連の手法の, ほんのごく一部です. 実験計画法には, まだまだ, おもしろくて役に立つ考え方

やテクニックがたくさんあります.勉強してみる気になっていただけたでしょうか.

9 故障と寿命

死亡率

　下の図は日本人の寿命の分布です．これは，姉妹編の『確率のはなし』で紹介したのと同じ図です．『確率のはなし』にこの図を紹介したところ，私達の大先輩にあたるご老人から，君の本にいやなグラフが描いてあるなあ，わし達の年齢がいちばん死にやすいのだね，と言われました．間もなく80歳になるご老人なのです．わかっちゃいな

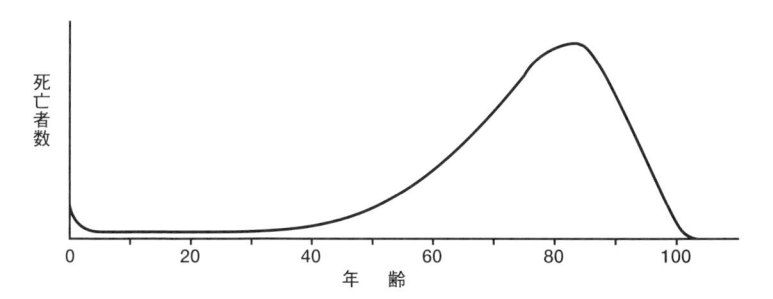

応　用　編

いんだな, 違うんですよ, というわけで, もう少しこのグラフの話をすることにします.

わかりやすくするために, 連続型の寿命の分布を, 10歳おきのヒストグラムで表わしてみました. 下の図です. 100人の赤ちゃんについて調査してみたところ, 0〜10歳で1人が死に, 10〜20歳では0人, 20〜30歳では1人, ……60〜70歳で16人, 70〜80歳で26人というように死亡して, もっとも長命だった最後の1人も100歳までに息を引きとり, 100人についての調査が完了した, ということを表わしています.

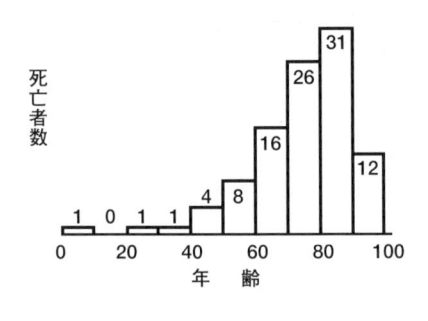

これを, パレート図にしたのが, つぎの図です. 0歳から60歳までの間に累計して15人が亡くなり, 80歳までの間に57人が死亡していることがわかります. 逆にいえば, 80歳過ぎてなお生存している人が43人いたということです.

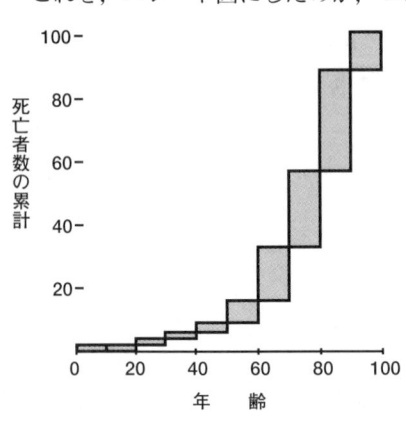

さて, 問題は, このつぎです.「死にやすい年齢」とはどういうことでしょうか.「死にやすい」ことと,「たくさん死ぬ」こととは同じではありません. ここに, 数万人の若くたくましい学生

をかかえたマンモス大学があるとします．一方，5人のお年寄の世話をしているつつましい養老院があるとします．マンモス大学のほうは，若くてたくましい青年なのですが，それでも何万人もいると，交通事故や不時の病で死亡する人が1年間に数人，あるいは10数人ぐらいはいるでしょう．養老院のほうは，生理的にはだいぶくたびれたご老人なのですが，なにしろ5人しかいないので，1年間になくなる方は，いないか，いても1人ぐらいでしょう．まかりまちがっても，5人を越すことは決してありません．それなら，死亡数の多い青年達のほうが，死にやすいのでしょうか．そんなばかなことはありません．要は，どれだけの人数のうち，何人が死ぬか，です．

死にやすいか，どうかは

$$\frac{死亡者数}{生存者数}$$

をものさしにして考えなければなりません．そこで，さきほどのパレート図から，各年代の生存者数を読み取り，それを分母にして，各年代の死亡者数を割ってみます．

年　齢	生存者数	死亡者数	死亡率 %
0～10	100	1	1.0
10～20	99	0	0.0
20～30	99	1	1.0
30～40	98	1	1.0
40～50	97	4	4.1
50～60	93	8	8.6
60～70	85	16	18.8
70～80	69	26	37.7
80～90	43	31	72.1
90～100	12	12	100.0

すなわち，0〜10歳では，はじめ100人いたうち，1人が死亡，つまり，1％が死亡，60〜70歳では，はじめ85人いたうち，16人，すなわち18.5％が死亡したということです．これを図に描くと左のようになります．死亡率が多いほど，「死にやすい」のですから，だいたい，年をとるにしたがって，死にやすくなってくることが，確認されました．

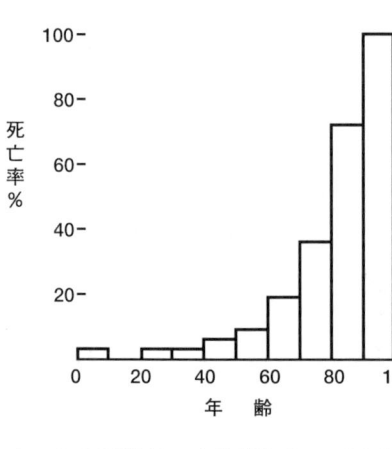

私達の大先輩のご老人が心配されたように，80歳ぐらいがもっとも死にやすいのではありません．けれども，この解説は，大先輩にとって少しも慰めにはなっていないようです．今後ますます死にやすくなるでしょう，というのが結論なのですから……．

なお，ここで計算した死亡率は，10年あたりの死亡率になっています．1年あたりなら，この1/10になることにご注意ください．新聞記事などには，このほか10万人あたり1年間の死亡者数とか，1,000人あたり1年間の死亡者数とかを死亡率として使っている場合が少なくないようです．

人間にも自動車にも3つの期間がある

前の節で死亡率のヒストグラムを描きました．だいたいは，年をと

9 故障と寿命

るにしたがって死亡率が高くなるのですが,幼いころの死亡率が少し高くなっていることにもご注意ください.

人間の寿命ばかりでなく,ほかの動物なども,みなこの傾向があります.とくに,魚などでは,幼いころの死亡率が極端に高くなっているようです.何しろ,親の餌になってあえなく命を落とす,あわれな赤ちゃんも少なくないのですから…….動物ばかりではありません.たとえば,自動車のように,多くの部品で構成されている装置の故障率も,同じような傾向をもっています.自動車は,たくさんの部品で構成されていますが,部品の一品を1人の人間とみなすと,自動車を人間の集団と考えることができます.ただ,自動車の場合には,1つの部品が故障しても,ふつうはそれを良品と交換してしまうので,自動車全体としての部品数は変化しません.人間の集団の死亡率と同じ意味で故障率を考えるときには,すでに故障して良品と交換されてしまった部品については,別かんじょうにしておく必要があります.

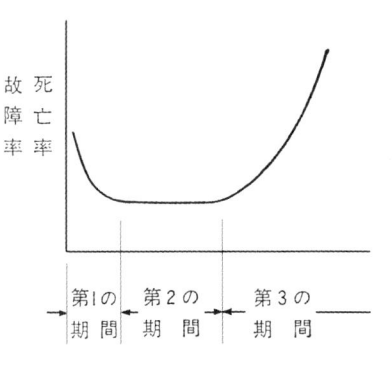

死亡率あるいは故障率の曲線は,ふつう図のような形になります.この形は,洋式の浴槽に似ているので,bath-tub曲線と呼ばれています.この曲線は,3つの区間に分けることができます.いいかえれば,動物や装置を,死亡あるいは故障の見地から見ると,3つの区間に分けられるということです.

第1の期間は,死亡率が高いけれど,時間につれて死亡率が減少

デバッギングは虫(欠陥)を取り除くこと

してくる期間です．装置や部品の故障のしやすさを調べて，どうすれば故障を減らしたり，故障発生の度合いを予測したりできるかを体系づけた工学の分野を**信頼性工学**といい，じみながら，その必要性が認知されている分野なのですが，信頼性工学の用語では，この第1の期間を**初期故障期間**といっています．

　動物の場合には，出産の試練にたえられなかった赤ちゃんや，育つ見込みのない赤ちゃんの死亡が多く，また，冷たい浮世の風に対する抵抗力もできていないので，死亡率が高いのですし，装置の場合には，組立の失敗や，かくれていた傷のために故障を起こしやすい時期になっています．時間の経過につれて，動物の場合にも装置の場合にも，不良品がとう汰されて，良品だけが残るので，死亡率は減少してきます．このために，この期間は，また，**デバッギング期間**と呼ばれることもあります．de-は，取り去るという意味ですし，bugは虫，すなわち，欠陥のことなので，debugging(デバッギング)は，「虫を追い出す」いいかえれば「欠陥を取り除く」という意味になるからです．

9 故障と寿命

さて，デバッギングが終わると，不良品はとう汰されてしまったので，死亡や故障の発生は低く，安定して第2の期間にはいります．人間でいうと小学生から青年にかけての年代です．肉体的には少しもくたびれていないので，交通事故とか，伝染病のような偶然の事故による死亡がわずかに発生するだけです．自動車の場合でも，買いたての頃に，二，三発生したトラブルもうまくおさまって，全く快調，使いごろの期間です．故障はパンクぐらいしか起こりません．信頼性工学の用語では，この期間を**偶発故障期間**と呼んでいます．この期間は，もっとも安心してこき使える時期です．中学生や高校生を混んだ電車の中で腰かけさせるなどもってのほかです．自動車も，みがいてばかりいないで，じゃかすかと乗り回しましょう．この期間にある工場のプラントは，きょうも小気味よく動きつづけてくれるでしょう．この期間が本当の働きざかりなので，この期間の長さは**有用寿命**と名付けられています．

けれども，花の命は短いものです．働きざかりの人達も，機械も，いずれはくたびれる時がやってきます．あちらがすりへり，こちらにがたがきて，死亡率が高くなる第3の期間が訪れます．信頼性工学の用語で**摩耗故障期間**と呼ばれるこの期間は，部品が摩耗したり，老化したりするために死亡率や故障率が高くなり，全員が死亡してしまうまで，再び死亡率が低くなることはありません．

部品の交換はいつするべきか

動物の死亡率や，たくさんの部品で構成される装置の故障率は，一般的にいって，3つの期間に分かれ，それぞれの期間の故障の起り方

は，原因も異なるし，故障率の曲線も異なっています．これに対して，ある種の部品について故障率を調べると，原則的には，やはり3つの期間をもった故障率曲線になるのですが，部品の場合には，3つの期間のうちどれか1つだけが強調されていて，実用上は，他の2つの期間を無視できるものが少なくありません．

装置や部品の故障の起り方についてのこれらの知識は，装置を少ない整備経費で，有効に働かすために役に立ちそうです．部品はいつ交換するのがもっとも効果的なのでしょうか．部品交換についての考え方は，部品の種類によって変えなければいけないものなのでしょうか．このへんのかんどころをさぐるために，3つの期間の故障率曲線がどういう意味をもっているか，もう少し調べてみます．

説明の順序が逆ですが，第3の期間，すなわち摩耗故障期間の故障の起り方からはじめます．この期間での故障は，長年の労働の結果，疲れが蓄積したり，すりへったりして故障が発生するのですから，時間とともに故障率は上昇の一途をたどります．故障の発生数は，図のように，正規分布に似た山形になります．時間とともに故障の発生数は増加していくのですが，ある時期をすぎると，逆に減少します．その時期をすぎると，生き残りの数が少なくなったので，いくら高い割合で故障しても，故障数は少なくなってしまったからです．ついには，故障数が0になってしまいますが，これは，生き残りが0になってしまったので，故障の起こりようがなくなったまでのことです．

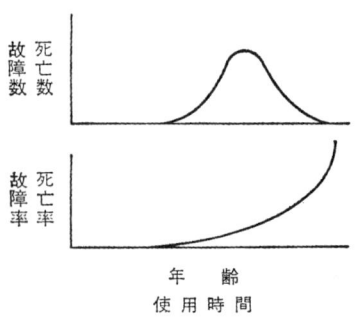

9 故障と寿命

　機械部品のかなり多くのものは，こういう故障の仕方をします．気どった言い方をすると，摩耗故障のパターンにしたがうのです．車のタイヤや発電機のブラッシのように，すり減って寿命がつきるもの，イグニッション・スイッチの接点のように，放電のくり返しで酸化してしまうもの，バネのように，何百万，何千万回と曲げられて，ついにはくたびれて破損するもの，その他さまざま，いずれも，こき使われてダウンしてしまうものです．

　こういう種類の部品は，その部品の実績のデータがあれば，ダウンする時期がおおよそ見当をつけられます．そして，ダウン寸前に良品と交換してやれば，故障の発生は防止できます．

　つぎは，第2の期間，すなわち，偶発故障の期間です．この期間は，故障率が一定です．つまり，死にやすさが時間とともに変化しないのです．ですから，生き残りの数に比例した故障数が発生することになります．したがって，故障の発生数は時間とともに減少します．生き残りの数が時間とともに減ってくるのですから……．図は，故障数の曲線と，故障率の曲線です．故障数の曲線は**指数曲線**と呼ばれ，この形の分布を**指数分布**といいます．いいかえれば，偶然だけで起こる故障は指数分布にしたがう，ということです．

　コップや茶わんの寿命は，指数分布にしたがいます．こわれやすさは，今年も10年後も変化せず，今年ガチャンと落とされてこわれる確率も，10年後にガチャンといく確率も同じだからです．つまり，故障率が一定です．けれども，今年100個の茶わんがあれば，100個

応用編

*指数と分布の部品を
交換するのは愚の骨頂*

に比例した故障数が発生するでしょうし，10年後に50個に減っていれば，そのときは50個に比例した故障しか発生しないので，故障数は年とともに減少していきます．そして，減少の仕方は，年とともにゆるやかになります．たくさんあるうちはたくさんこわれるので，翌年との差が大きいけれど，少なくなると少ししかこわれないので，翌年との差が小さいからです．

　故障の発生が指数分布にしたがうような部品は，もうすぐこわれそうだからといって，新品と交換するのは，ばかげています．交換された旧品が明日こわれる確率も，交換した新品が明日こわれる確率も全く同じだからです．新品を買う費用と，交換の手数だけ損をしてしまいます．こういう部品は，こわれたら取り換えればよいのです．

　当り前じゃないか，窓ガラスが間もなくこわれそうな時期だからといって，こわれてもいないガラスを新品と入れ代える阿呆がどこにいる，とおっしゃいますけど，たしかに，窓ガラスを取り換える人はい

9 故障と寿命

ないにしても，それと同じようなことが，工場の機械類の保全では，よく行なわれていることは事実です．たいていの部品は，使えば使うほど傷んでくるという先入感が誰にもあるので，指数分布にしたがう部品まで，一定の使用時間後には交換されているような実例がいくらでもあります．一般的にいって，整備に熱心な日本の工場では，整備不足より整備過剰（オーバー・メインテナンス）でかえって稼働率を下げてしまうことが心配されるくらいです．

　自動車マニヤが愛車の整備をするときにも，この傾向が少なくありません．故障しないうちに交換したり調整をしたりするのは，その部品が摩耗故障することがわかっている場合だけ意味があります．

　故障が指数分布にしたがうのは，茶わんや窓ガラスだけではありません．集積回路，トランスのような電気部品の多くはそうですし，ベアリングや歯車などのように，故障の原因は摩耗だ，と誰にでも考えられていた機械部品さえも，荷重やじゅん滑などが良好な状態で使われれば，指数分布にしたがって故障することが，近頃の研究でわかってきました．また，自動車用の水ポンプや，トランスミッションのオイル・シールなどの部品の故障も，理由はよくわかりませんが，指数分布にしたがうという実績が残っています．

　最後は，第1の期間です．初期故障期間では，故障率が時間とともに下がってきます．つまり，時間がたつほど故障しにくくなってくるわけです．けれども，これは，一品一品が使用時間とともにじょうぶになることを保証しているわけではありません．不良品が早い時期にとう汰されてしまい，平均して長生きできる良品だけが残る，ということです．

　故障数と故障率の曲線を，指数分布のそれらと比較したのが次の図

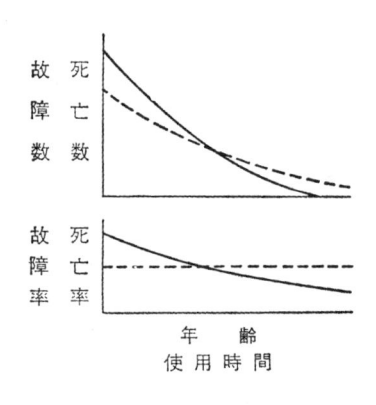

です．点線で記入された指数分布の場合と比較してください．こういう故障の仕方をする期間は，どんどん使いこんで，早いところボロを出してしまい，良品と交換してしまうのが得策です．大きな装置を製造したときには，しばらくメーカー側で運転して初期故障を出しつくしてから，いいかえれば，デバッギングしてから注文主に納入することも，少なくありません．個々の部品についても，トランジスタやコンデンサなどは，こういう故障の仕方をするので，重要な機器に組み込む前に，電圧をかけてみて不良品をとう汰し，良品だけを選ぶことが行なわれます．自動車部品では，ファン・ベルトなどが，この傾向をもっているようです．

ワイブル分布

前の節の結果を整理すると，つぎのようになります．
（1） 初期故障する部品は，なるべく早く使い込んで故障させてしまい，良品と交換するのがよい．
（2） 偶発故障する部品は，故障する前に交換するのは損である．故障してから，良品と交換するようにする．
（3） 摩耗故障する部品は，ダウンする時期を予測して，ダウン寸前に交換するのが得策である．

9 故障と寿命

　この3種類の故障の仕方は一見，かなり性質がちがいます．けれども，いずれも故障発生数をとり扱った分布，いいかえれば，寿命の分布なのですから，何らかの共通点がありそうです．そこで，故障がどんな形で起こるかを，別の観点から眺めてみることにします．

　人間の体は脳や心臓や骨などたくさんの部分から成り立っています．そのうちの1つがダメになっても万事きゅうす，です．自動車もエンジンだの車輪だの多くの部分でできていますが，そのうちの1つが故障すれば役に立たなくなります．よく引用される例ですが，くさりは，1つのリングが切れれば切れてしまいます．ボール・ベアリングは，ボールとリテーナなどいくつかの部品でできていますが，そのうちの1つがこわれればボール・ベアリングとしてもこわれたことになります．要するに，たくさんの構成要素のうち，どれか1つがこわれると故障という現象が起こるのだと考えて，それをうまく表現するような数式を作ってやれば，どんなタイプの故障分布にも利用できる分布になると考えられます．

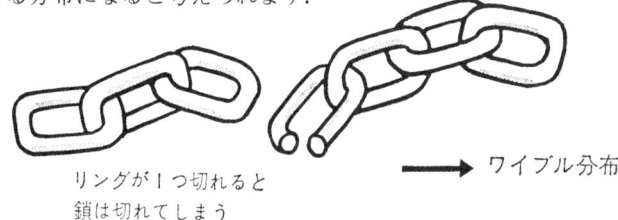

リングが1つ切れると鎖は切れてしまう　　　→　ワイブル分布

　こうして人工的に考えられた分布の1つに**ワイブル分布**というのがあります．分布の式の形は

$$f(t) = \frac{m(t-\gamma)^{m-1}}{t_0} e^{-\frac{(t-\gamma)^m}{t_0}}$$

といういかつい形をしています．時間(または使用回数) t につれて，

分布の高さ $f(t)$ が変化することを表わしていますが,右辺には,t のほかに,m と t_0 と γ（ガンマ）が変数として含まれています.e は変数ではありません.ご存知,自然対数の底で,約2.718の定数です.

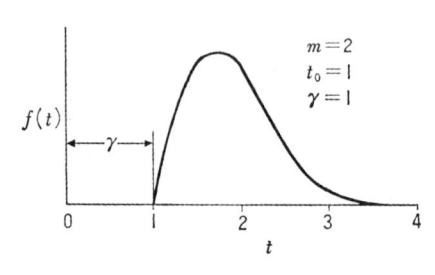

$m = 2$, $t_0 = 1$, $\gamma = 1$ とした一例を左図に描いてみました.γ が変化すると,曲線の始まる位置が変化します.t_0 が変わると曲線は横軸方向だけに伸び縮みします.けれども,γ や t_0 が変わっても,分布曲線のもつ本質的な意味——初期故障型とか偶発故障型とか摩耗故障型とか——が変わるわけではありません.ただ,時間との相対的な位置関係が変わるだけです.

本質的なのは,m です.そこで,ワイブル分布の式で,t_0 を1に,γ を0に固定してしまって,m の影響を浮きぼりにしてみます.式は

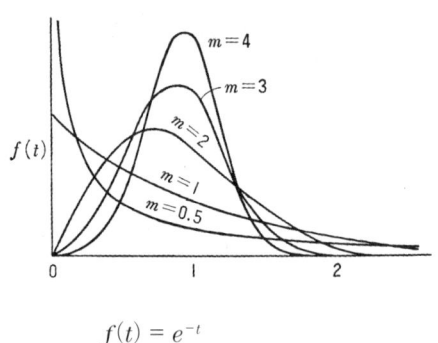

$$f(t) = mt^{m-1}e^{-t^m}$$

という形になり,m をいろいろに変えて分布の図を描くと左のようになります.

m がちょうど1のときには,上の式は,t^0 が1ですから

$$f(t) = e^{-t}$$

となり,指数関数を表わしています.つまり,m がちょうど1のときには,偶発故障の分布を表わしていることになります.この図からワ

9 故障と寿命

イブル分布は

　　　$m<1$　なら　初期故障型
　　　$m=1$　なら　偶発故障型
　　　$m>1$　なら　摩耗故障型

を表わしていることがわかります．1種類の分布の式で，どんな形の故障の分布でも表わせるのがワイブル分布の強みです．

　それに，もともと，もっとも弱いところがこわれたとたんに寿命がつきる，と考えて作り出された分布なので，多くの部品で構成されている人体とか電子機器とか，機械類などの寿命の分布がよく近似できるばかりか，材料の破損なども，結晶組織や分子構造のもっとも弱いところからやられるので，極端にいえば，どんなものの寿命も，ワイブル分布でうまく表わせる，ということができます．

　mが変わると分布の形が変わるので，mは形状パラメータと呼ばれています．いろいろな部品について，mの値がわかっていれば，私達は，その部品はいつ交換すべきかの方針をたてることができます．そこで，故障の実績のデータがあれば，そのデータから，その部品のmの値を見つけておけばよいわけです．データからmの値を見つけるやり方は，ここでは省略しますが，興味のある方は，信頼性工学関係の参考書をお読みになることを，おすすめします．

　いろいろな文献から，電気部品と自動車部品についてのmの値を調べてみたら，つぎのようになりました．たいていのものは，ふつう考えられているより，偶然によって故障する傾向が強いようです．

　　　初期故障型

　　　　　トランジスタ　　　　　0.4〜0.6
　　　　　コンデンサ　　　　　　0.6〜1.0

抵抗	0.8〜1.0
ファン・ベルト	0.8〜1.0
偶発故障型	
スイッチ類	0.9〜1.1
トランス類	1.0
スパーク・プラグ	0.9〜1.8
オイル・シール	1.0
水ポンプ	1.0
タイヤ(パンク)	1.0〜1.4
ボール・ベアリング	1.0〜2.0
摩耗故障型	
ランプ	1.5〜3
電磁リレー	2〜3
タイヤ	2〜3

指数分布とMTBF

　たくさんの部品で構成される装置の働き盛りの期間では,故障は偶発故障型の分布,すなわち指数分布にしたがって発生します.摩耗故障する部品は,ダウン寸前に良品と交換することにすれば,装置の故障はいつまでも指数分布にしたがうことが理論的にもわかっています.それに,部品そのものの故障も指数分布にしたがうものが多い,となれば,装置の故障の起こりぐあいや,整備のあり方,部品の買い置きの量などを検討するには,指数分布の知識がぜひ必要だ,ということになります.

9 故障と寿命

指数分布の曲線は，偶発故障の分布曲線と同じで，時間とともに曲線の高さが減少し，その減少の割合も時間とともに減少することは，もう何回も書いてきました．この分布は，式で書くと

$$f(t) = \lambda e^{-\lambda t}$$

となります．λ はラムダと読みます．こういう見なれない文字は，数学ぎらいの方に嫌悪の情をもよおさせるので使いたくないのですが，どういうわけか，指数分布では λ を使う習慣があります．

この式で表わされる曲線と座標軸の間の面積は1です．1になるように，右辺に λ がつけてあるのです．分布関数の面積はいつも 1 になるようにしてあること(58ページ)を思い出してください．そうすると，右図の斜線を施してある部分の面積は，「ある時刻 t_1 までに故障を起こす確率」を表わしています．したがって，ある時刻 t までに故障を起こす確率 $F(t)$ は，右の中央の図のように変化し，この曲線は

$$F(t) = 1 - e^{-\lambda t}$$

になります．反対に，ある時刻 t までに故障を起こさない確率 $R(t)$ は

$$R(t) = 1 - F(t)$$

ですから

$$R(t) = e^{-\lambda t}$$

となります．信頼性工学では，ある時刻までに故障を起こさな

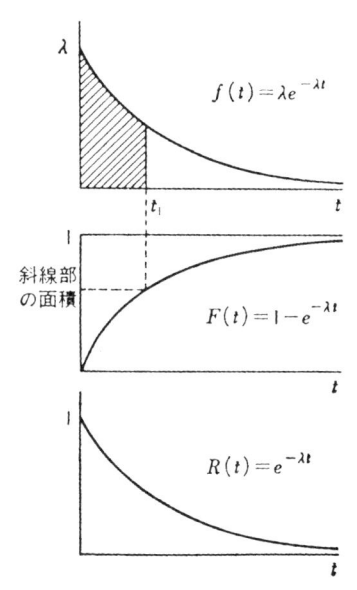

い確率を**信頼度**と呼んで，製品の品質を表わす1つの尺度にしていますが，故障は，指数分布にしたがって発生するのがふつうなので，通常は，信頼度は$R(t) = e^{-\lambda t}$の式で表わしています．

λは，故障率を表わしています．指数分布，すなわち，偶発故障型では，故障率は時間とともに変化しない定数であったことを思い出してください．故障率は，たとえば

5×10^{-4}/時間

つまり，1万時間に5回の割で故障する，というように表わされるので，この逆数

$$\frac{1}{5 \times 10^{-4}} 時間 = \frac{10^4}{5} 時間 = 2{,}000 時間$$

は，故障からつぎの故障までの時間間隔の平均値ということになります．これを**平均故障間隔**(Mean Time Between Failures)といい，略して，**MTBF**といっています．つまり

$$\frac{1}{\lambda} = \mathrm{MTBF}$$

です．MTBFは，製品の重要な品質「信頼性」を表わす値で，電子部品や，航空機用機械部品などの売込みには，MTBFがなん時間あるか，がセールスポイントの1つになっています．近ごろでは，大衆向けのテレビや冷蔵庫などのカタログにもMTBFを明記したものが見受けられるくらいです．

x	e^{-x}
0.00	1.0000
0.01	0.9901
0.02	0.9802
0.05	0.9512
0.10	0.9048
0.20	0.8187
0.50	0.6065
1.00	0.3679
2.00	0.1353
5.00	0.0067

MTBFに強くなるために，練習問題を

9 故障と寿命

ひとつ……．指数分布を使う練習問題では，e^{-x} の値が必要になりますが，数表になっていろいろな本に載っていますから，みずから計算をする必要はありません．その一部を前ページに書いておきました．

カラーテレビのMTBFが20,000時間であるとします．1,000時間使って故障しない確率，つまり，1,000時間の信頼度はいくらでしょうか．

MTBFが20,000時間ですから，故障率は

$$\lambda = \frac{1}{\text{MTBF}} = \frac{1}{20{,}000 \text{ 時間}}$$

$$= 5 \times 10^{-5} / \text{時間}$$

したがって，1,000時間の信頼度 $R(1{,}000)$ は

$$R(1{,}000) = e^{-5 \times 10^{-5} \times 1{,}000}$$

$$= e^{-0.05} \fallingdotseq 0.95$$

となります．また，このテレビを10,000時間使うときの信頼度は

$$R(10{,}000) = e^{-5 \times 10^{-5} \times 10{,}000}$$

$$= e^{-0.5} \fallingdotseq 0.60$$

となります．いいかえれば，MTBFが20,000時間というテレビを買ってくると，1,000時間使えば5％ぐらいは故障する確率があるし，10,000時間使用すれば，故障の確率を40％ぐらいは覚悟しなければいけないということです．

- MTBFの7割の時間だけ使用すると，故障の確率が約50％
- MTBFだけ使用すると，故障の確率が約63％

という数字も覚えておくと便利でしょう．

MTBFは，平均故障間隔なのだから，それだけの時間使用すれば，故障の起こる確率は50％だ，と思っている方が，「信頼性工学に強い」

MTBFだけ使用すると
63%が故障する

方にも少なくありません．そうなるのは，故障が正規分布のような左右対称の分布にしたがって発生する場合だけです．

10 ぺてんにかかりそうな統計

ガベージ・イン・ガベージ・アウト

　ガベージ・イン・ガベージ・アウトという格言があります.「がらくたを入れると,がらくたが出てくる」とでも訳しましょうか.前の章までに,集められたデータで,ヒストグラムを描いたり,標準偏差を計算したり,データの背後に控えた母集団の本当の平均値を推定したり,データの持つ意味を検定したり,いろいろなことをやってきました.このような手法を上手に使えば,私達は母集団について正当な判断を下すことができるはずです.けれども,もし集められたデータの質が悪ければ,どんなに巧みな統計的手法を使っても,決して正当な判断は生まれてきません.腐りかけた魚は,どんな名料理人の手にかかっても決して美味な料理にはならないのと同じことです.がらくたデータは,いくら高等な統計的手法でころもを着せても,がらくたにすぎません.

ガラクタを入れれば
ガラクタが出てくる

　ところがです．ほとんどの人は，統計的手法のころもを着せてある結論には，神聖にして犯すべからざる神の声として，い敬の念を感じてしまうのです．店先でリンゴを買うときに，果物屋のおやじさんに「10個ばかり測ってみたら，平均が400グラムでしたよ」と言われれば，なに，商売人の言うことだ，重そうなのばかり選んで測ったかもしれないじゃないか，と言う人でも，「このリンゴの95％信頼区間は

10 ぺてんにかかりそうな統計

400 ± 11 グラムです」と言われると，びっくりしてしまい，リンゴがこうごうしく見えて，重そうなのばかりを測ったなどと考えるだけでも罪悪だ，と思うのが人情です．

困ったことに，このさっ覚は，自らデータを集め，統計的な処理をして，結論を作ったご本人の頭の中にも発生するのです．統計のころもを着た結論が出たとたんに，データの集め方やデータの内容についての反省が，すーっと消えていくから不思議です．

せっかく集めたデータががらくたである理由の大部分は，データの偏りです．ずいぶん注意したつもりでも，いろいろな原因で偏りが起こります．二，三の例をあげてみましょう．

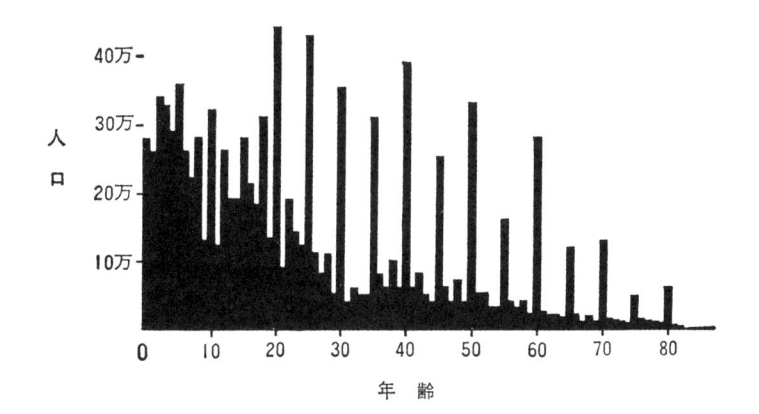

上の図は，ある国の女性の年齢別ヒストグラムです．この国は，ずいぶんおもしろい国ですね．ちょうど20歳の女性が19歳や21歳の女性の3倍もいるのです．50歳の人は，48，49，51，52という年齢の人の何と5～6倍もいるではありませんか．もし，これが本当なら，前の年には，19歳，29歳，39歳，49歳という人達が極端に多かったは

ずです．ところが調べてみると，あーら不思議，前の年もやはり20歳，25歳，……と5歳おきに，女性の数が極端に多いのです．推理してみると，この国の女性は，20歳に数年滞在していて，数年後には，21から24歳までを省略して，ひょいと25歳にとび上がるけい当ができるのだ，という結論になります．なるほど神秘な国です．ところが，事実は小説より奇ではありません．事実は簡単です．この国の女性には，自分の年齢を正確に記憶していないか，数を正確に数えられなくて，年齢の調査にきりの良い数字で答える人が多いからにほかなりません．こんな数字をあてにして統計を作ったのでは，がらくたができてしまいます．

　私は，東京郊外の著名な私鉄の沿線に住んでいます．その私鉄の本社から，その私鉄が経営する遊園地の450円の入場券2枚を景品として同封して，アンケートを求めてきました．沿線の住人が，どのくらいのひん度で，どういう目的のために，どんな種類の乗車券で，その私鉄を利用しているかを調査するのが目的であったようです．その質問のひとつ……．

　「お宅の皆様が，普通乗車券で××××線をご利用になった回数は，先週の場合，一週間で何回ございましたでしょうか．」

　　（1）なし
　　（2）1回
　　（3）2回
　　…………
　　（7）6回以上

　900円の入場券をちょうだいした恩義を感じて，できるだけ正確に回答しようとした私は，この質問ではたと困ってしまいました．'何

10 ぺてんにかかりそうな統計

'回'とは片道で数えた回数だろうか，それとも往復で数えるのだろうか，迷ってしまったからです．家を出れば，ふつうは家へ帰ってきます．家を出っぱなし，は，外出先で死亡したときとか，転居したときとかの特殊な場合に限られています．ですから，鉄道を利用した回数は往復で考えるのが当り前のようにも思えます．だいいち，片道で回数を数えるなら，1回，3回，5回などという回答欄があるのが変な気がします．しかし，まてよ，と考えます．このアンケートは鉄道会社で作ったものです．乗せるほうの立場で考えれば，お客が外出先で蒸発しようと，しまいと知ったことではありません．キップを買って乗った回数だけに興味があるに決まっています．そういう感覚でアンケートを作った人にとっては，利用した'回数'は片道の回数でしかありえなかったのでしょう．

案の定，このアンケートを友人に見せたところ，片道説と往復説とがあいなかばしました．ですから，アンケートの結果も，片道で数えるよりは少なく，往復で数えるよりは多くの利用回数が集計されたに違いありません．もし，質問者の意図が片道であったのなら，データは少ないほうに，往復であったのなら，データは多いほうに偏ったがらくたであったことになります．

もうひとつは，よく引用される例なのですが，アメリカの著名な週刊誌『タイム』が，かつて「エール大学，1924年度卒業生の現在の平均年収は25,111ドルである」と書いたというのです．年収約900万円．さすがはエール大学だと感心する前に，この統計値を算出するためのデータが，がらくたではないかどうかを疑ってみます．この数字は，どうせ本人に質問して得た答を相加平均したものでしょう．しかし，30年も昔の卒業者で現在住所がわかっているのは一応の成功者

と思われますし,また,住所がわかっていても,あまり収入の少ない人は回答をしなかったかもしれません.そして,卒業生名簿の住所不明になっている何人かの人達は,きっと25,111ドルの平均値を大幅に引き下げるみじめな生活をしているに違いありません.ですから,25,111ドルをはじき出すのに使われたデータは,大きいほうに偏っているおそれが多分にあります.そういうデータで111ドルという細かい数字まで計算して,何の意味があるでしょう.

偏りは,標本の選び方,実験のやり方,質問の仕方,その他もろもろの理由によって,しつようにデータにつきまといます.データを料理するときにはもちろん,料理された統計値を判断するときにも,ころもの下にかくれたデータの偏りに,まず注意することがかんじんです.

教訓——統計のころもが厚いほど,材料の質を疑ってかかれ.

教育ママと赤ちゃん

日本経済のめざましい成長は,アメリカのおかげでも,歴代の首相の手柄でもない,日科技連のせいでもない,最大の功労者は教育ママさんだ,という説があります.少々できの悪い子でも,うんとできの悪い子でも,しゃにむに尻をたたいて高等教育を受けさせてしまうので,日本の教育水準は世界でも一,二を争うレベルの高さです.この教育水準の高さが,日本に工業技術の,あるいは社会科学の新しい知識をどんどん普及させ,それが日本経済発展の最大の原因となっているというのです.

結果的には日本経済の発展に貢献するにしても,尻をたたかれる

10 ぺてんにかかりそうな統計

'できの悪い子'にとっては，被害じん大です．けれども，'子供の将来のために'前後の見さかいがなくなっている教育ママにとっては，それどころではありません．その第1歩は，赤ちゃんが生まれた時から始まります．妊産婦には，赤ちゃんのすこやかな成長を指導するために，母子手帳をくれるのですが，その中に，赤ちゃんの年齢に応じた身長と体重の平均値がグラフで描かれています．ところが，このグラフが教育ママさんを，いたく刺激します．「統計が教えるところによれば，6カ月の赤ちゃんは8kg以上なければならないのに，うちの坊やは7.5kgしかない」のです．さあ，大変です．目の前がまっくらになって，赤ちゃんの口をこじあけてでも，むりやりミルクを飲ませようとします．つい先日も，平均より体重の少ない赤ちゃんが，思うようにミルクを飲まないので，ヒステリーを起こし，赤ちゃんを畳の上に投げ出して殺してしまった，という悲しい事件が起こったりもしました．

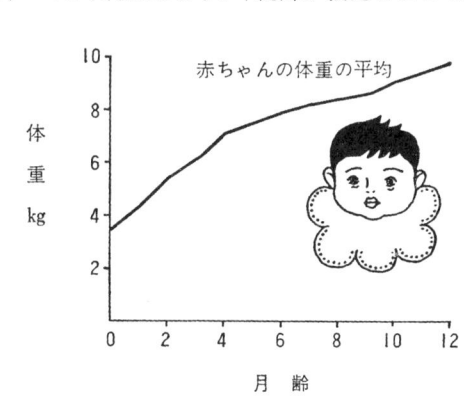

冷静に考えてみると，これは，教育ママの'統計'に対する本質的な誤解に原因があるようです．6カ月の赤ちゃんの体重は，なるほど，平均して8kg強です．しかし，この統計グラフは，7.5kgの赤ちゃんが異常に発育が悪い，といっているわけではありません．異常に発育が悪いかどうかを判断するには6カ月の赤ちゃんの体重について標準

これだけでは
異常かどうかわからない

偏差を知らなければなりません．もし，標準偏差が 0.1 kg とか 0.2 kg のような小さな値なら，7.5 kg の赤ちゃんは確かに異常です．何千人に 1 人の発育不良ぶりです．これを気にかけないようでは，母親として失格でしょう．しかし標準偏差が 1 kg もあるなら，7.5 kg の赤ちゃんは標準型といってさしつかえありません．正常な発育をしています．むしろ，最近はやりの肥満児でないことをありがたく思ったほうがいいくらいです．……というわけで，最近の母子手帳では月齢に応じた体重や身長を 1 本の曲線で示すのではなく，幅を持った帯状の曲線で表わすなどのくふうがされています．

つぎは，電車の中で見たポスターの例です．

「煙草を 1 日 25 本吸うと，肺ガンは 7.5 倍に

　　1 日 50 本吸うと，肺ガンは 28 倍に」

なるほど，愛煙家にとっては，おそろしい警告です．しかし，本当はこれだけでは，おそろしいかどうかわからないのです．なぜかというと，こういうことです．煙草を吸わないのにガンで亡くなる人が，1

年間に日本中で1人ぐらいだとしてみましょう．そうすると，1日50本の煙草を吸う人にとっては，年間，日本中で28人ぐらいの死亡率に直面するかんじょうになります．けれども，自動車事故だけで年間1万人くらいも死亡していることと比較すれば，煙草を50本吸ったところで，自動車事故による死亡の危険の360分の1ぐらいしか死の危険が増えていないことがわかります．つまり，外出を1日減らして，自動車事故による死亡の危険を少し減らしてやれば，十分にうめ合わせがつく程度です．そのくらいなら，好きな煙草を減らすこともありますまい．

けれども，実態はもっと悲観的です．日本では，ふつうの男子が年間4万人も肺ガンで亡くなくなっているのです．50本も煙草を吸う人にとっては，年間，1億人中112万人，すなわち，90人に1人の割合の死亡率にさらされていることになります．10年も吸いつづければ，1割ぐらいの人がそのために肺ガンになって命を落とすということです．これでは大変です．やはり，50本の煙草を吸いつづけることは命がけです．

私は，愛煙家に警告をしようとしているのではありません．愛煙家への警告は，電車の中のポスターがしてくれています．私は，一見，統計的な数字でも，そのままでは本当の意味がわからないものが多いと，警告をしているのです．教育ママと赤ちゃんの例では，標準偏差を無視して平均値だけを示したのでは本当の意味がわからない，と警告し，愛煙家と肺ガンの例では，割合だけを知っていても，その割合の本当の意味は，絶対値によってずいぶん異なることがある，と警告をしたいのです．

統計を使った詐欺

ある報告書で,「全回の試験に成功した」という文章を見たことがあります.調べてみたら,試験は2回しか行なわれていませんでした.「2回とも成功」が,どんなに少しのことしか保証しないかは,すでに,二項分布を使った検定などで,学んだとおりです.この報告書は故意に試験回数を隠していたので,一種の詐欺行為だということができます.

この程度の詐欺は,すぐ見破られてしまう幼稚なものなので可愛げがありますが,もう少し手のこんだぺてんをご紹介しましょう.

ある研究所で,ジェットエンジンの部品の一部をFRP(ガラス繊維を芯にして補強したプラスチック)で作ろうとしたことがありました.やっかいな形をした部品なので,ガラス繊維の封じ込め方にくふうが必要だったのです.数社のメーカーに試作を頼んでおり,私達は,強さの平均値の95%信頼区間が1,050 kg以上であることを要求していました.いいかえれば,n個の試作品の強さを試験して

$$\mu = \bar{x} - t \frac{s}{\sqrt{n-1}}$$

を計算し,それが1,050 kg以上であることを要求していたわけです.tは,自由度が$n-1$で,t分布の片すその面積が5%になるように選ぶことになります.

さて,某メーカーから,つぎのような報告書が届きました.5個の試作品について強さの試験をしたところ,その結果は

  1,050 kg が1個

10 ぺてんにかかりそうな統計

条件を隠した統計は
詐欺である

1,100 kg以上が4個

であったので

$$\bar{x} = 1,090$$

$$s = \sqrt{\frac{(1,050 - 1,090)^2 + 4(1,100 - 1,090)^2}{5}} = 20 \text{ kg}$$

$$\mu = 1,090 - 2.132 \frac{20}{\sqrt{4}} \fallingdotseq 1,069 \text{ kg}$$

である，というのです．自由度4で片すその面積が5％(両すそなら10％)の t 値は2.132ですから，この報告は，合理的であり，私達の要求を満足しているように思えます．

しかし，なぜ，「1,100 kg以上」としてあるのだろうかと疑問に思ったので，試験のデータを取り寄せてみました．

試験結果は

1,050 kg, 1,100 kg
1,100 kg, 1,150 kg
1,400 kg

でした．メーカーの言い分によると，1,400 kg というよい成績さえ，1,100 kg という控えめな値にして計算しているのだから，きわめて良心的だというのですが，どうも，いんちき臭い感じがします．試験データで，計算をやり直してみましょう．

$$\bar{x} = 1,160 \text{ kg}$$

$$s = 124 \text{ kg}$$

$$\mu = 1,160 - 2.132 \frac{124}{\sqrt{4}} \fallingdotseq 1,028 \text{ kg}$$

となって，私達の要求 1,050 kg 以上を満足しないではありませんか．危うく，ぺてんにかかるところでした．

この場合，私達の要求に対しては

1,050 kg, 1,100 kg, 1,100 kg, 1,100 kg, 1,100 kg

のデータのほうが

1,050 kg, 1,100 kg, 1,100 kg, 1,150 kg, 1,400 kg

より，たとえ平均値は低くても，価値あるデータであったわけです．偶然で 1,400 kg のようなよい値が出ることは，偶然で非常に悪いデータが出るかもしれないことを，暗示しているからです．

統計は刃物

キンゼイ報告が，日本でも騒がれたことがありました．アメリカのキンゼイ博士がアメリカ人のセックスについてぼう大な調査をし，そ

の結果を統計的な見地からまとめて，発表した報告です．ところが，キンゼイ博士は，お行儀のよくないある種の性行為を，正常な行為だとしたことによって，世の青年男女を毒していると，非難されたことがあるそうです．

しかし，キンゼイ博士は，そういう性行為を行なっている青年のパーセンテージが非常に高いという事実を報告したのであって，なにもそのことに賛成しているわけではありません．その行為が生理的に，あるいは道徳的に望ましいことであるかどうかは，統計の数字とは別の次元で論議されるべき性質のものです．

統計学では

　　　5％　以下の確率を　小さい
　　　1％　以下の確率を　非常に小さい
　　　0.1％以下の確率を　きわめて小さい

と考えるのがふつうですが，いつもこう考えてよいかどうかは別問題です．誤って1,000円の罰金を言い渡す確率の5％と，誤って死刑の判決を下す確率の5％とが，同じ'小さい'範囲にはいるかどうかは，別の立場で論議されなければなりません．

統計は，数字を導き出します．平均が7.2 kgだとか，強さの95％信頼区間は1,069 kg以上であるとか，いろいろな数字が作り出されます．そして，これらの数字のもつ統計学上の意味を，いっしょに学んできたのです．けれども，統計は，数字の持つ倫理上の意味については，全く無力です．

私は統計は，刃物だと思っています．物騒なイメージを象徴する刃物のことです．そして，統計が刃物になるには2つの場合があります．1つは，がらくたのデータで作られた統計の数字を盲目的に振り回す

統計は刃物である

ように，あるいは，95％信頼区間が……，というような統計のころもで，すべてが神聖に見えてしまうように，統計的表現を狂信している場合です．そして，もう1つは，ただの数字には感じなかった倫理上の意味を，統計のころもをつけた数字には感じてしまう場合です．

統計を，刃物としてではなく，すべての数字に的確な判断を下すための道具として，使いこなしていきたいものです．

11 統計の大学院

食い違いの大きさを表わす

　昔の丁半賭博には，巧妙な細工をしたサイコロを使っていかさまをしたものがあったようで，かっこいい渡世人のおにいさんが，荒くれの胴元からインチキサイコロを取り上げて，はったとにらみ，あとはおきまりのちゃんちゃんばらばら，といったシーンがよくテレビで見られます．しかし，意識してサイコロに細工をしなくても，あるいは，積極的に努力して正しいサイコロを作ろうとしても，でき上がったサイコロにはいくらかは，くせがありそうです．だいたい⚀と⚃とでは穴の凹みがちがうので，どうしても出やすい目と出にくい目とができてしまうように思われます．

　そこで，手元にあったサイコロを60回ふってみたところ表のような結果になりました．かなり高価なサイコロなのですが，以外にくせがあるようです．さて，このサイコロにくせがないかどうかを調べて

⚀	8回
⚁	14回
⚂	7回
⚃	6回
⚄	15回
⚅	10回
計	60回

判定したいのですが,どうしたものでしょうか.基礎編で紹介した二項分布による検定も,t分布による検定も使えそうにありませんが……

もし,「このサイコロにくせがない」とすれば,どの目も平均して10回ずつ出るのが公平なところです.つまり,このサイコロは60回のテストでつぎの表のように平均値と食い違った結果が出たことになります.

	出た回数	平均値	平均値との食い違い
⚀	8	10	−2
⚁	14	10	4
⚂	7	10	−3
⚃	6	10	−4
⚄	15	10	5
⚅	10	10	0

この食い違いの大きさを調べてみて,サイコロにくせがなければ,食い違いがこんなに大きくなる確率は5％より小さいはずだ,と判断できれば,「このサイコロにはくせがない」という仮説を捨てて,このサイコロにはくせがあると判定することができます.そのためには,'食い違いの大きさ'を何らかの形で約束しなければなりません.

約束の仕方には,いろいろな方法があります.'平均値との食い違い'の中で最大の値——私達のサイコロの例では5——を'食い違いの大きさ'と約束するのも,もっとも簡単な一つの方法です.しかし,せっかくデータが6つもあるのに,その中の1つしか使わないのは,もったいないはなしです.それでは,6つの'平均値との食い違い'

11 統計の大学院

```
-2        4
-3       -4
 5        0
```

をぜんぶ加えた値で'食い違いの大きさ'を定義してみたらどうでしょうか．データはぜんぶ使われますが，どうもうまくありません．ぜんぶ加えると 0 になってしまうからです．それもそのはず，平均値とは，そこからの食い違いの総和が 0 になるような値でした．

それでは，このデータをそれぞれ 2 乗してプラス，マイナスの符号をとってしまえばよいではありませんか．-4 でも 4 でも食い違いっぷりは同じことですし，それに，こういう考え方は，ばらつきの大きさを表わす約束の仕方——標準偏差——ですでにおなじみです．そうすると私達の食い違いのデータは

```
 4       16
 9       16
25        0
```

となります．これらのデータをぜんぶ使って

$$4+16+9+25+10=70$$

を食い違いの大きさを表わすものさしと約束すればよさそうです．たしかに，これで食い違いの大きさを表わすと約束すれば，一応すじは通るのですが，本当は，このままでは，少々不便なのです．サイコロのテストはいつも 60 回で，それぞれの目は 10 回ずつ出るのが平均，6 チームの野球リーグでは，いつも 60 試合で，1 チームの勝ち数の平均は 10 回，というように，平均が 10 回の場合だけを対象とするなら食い違いの大きさのものさしはこのままで十分なのですが，現実の世界はもう少し複雑です．サイコロのテストを 100 回もやってみる方もい

るでしょうし，10回ですませようとするなまけものもいるでしょう．プロ野球は6チームで年間400回以上も試合を行ないます．回数が多くなれば，偶然の神様が同じ程度にいたずらをしても，回数が少ないときより食い違いの大きさは大きくなる傾向があると考えられます．

そこで，回数の影響を取り去るために，'平均値との食い違い'を2乗して加え合わせたものを，平均値で割ります．私達のサイコロの例では

$$\frac{70}{10} = 7$$

を食い違いの大きさを表わすものさしと約束することにします．すなわち

$$\frac{\sum(実現値 - 平均値)^2}{平均値}$$

を'食い違いの大きさ'のものさしと約束したことになります．

平均値が，サイコロの場合のように，6つの事象とも同じであるときには，この式を使えばよいのですが，事象ごとに平均値が異なるときには

$$\sum \frac{(実現値 - 平均値)^2}{平均値}$$

と書き直しておかなければなりません．事象ごとに平均値が異なる場合については，つぎの例で考えてみるとわかりやすいと思います．サイコロの目を消して，改めて

  3つの面に ⊡

  2つの面に ⋰

  1つの面に ⋰

11 統計の大学院

食い違いの尺度は
$$\sum \frac{(実現値-平均値)^2}{平均値}$$

を書いたとします。この風変りなサイコロもどきを60回ふったとすると

- ⚀ が 30回
- ⚁ が 20回
- ⚂ が 10回

出るのが公平なところ、つまり平均値です。こういうとき、期待値という用語が使われるのがふつうです。

このサイコロもどきで60回のテストを行なったところ

	出た回数 (実現値)	平 均 値 (期待値)	食い違い
⚀	27	30	−3
⚁	28	20	+8
⚂	5	10	−5

であったとすると，食い違いの大きさは，約束にしたがえば

$$\frac{(-3)^2}{30} + \frac{8^2}{20} + \frac{(-5)^2}{10} = 6.0$$

となります．

χ^2 検 定

前の節で'食い違いの大きさ'を表わすことに成功しました．けれども，表わしただけでは何にもなりません．そんな大きさ以上の食い違いが生ずる確率がいくらあるかを知らなくては結論が出せません．

そのために，つぎのような実験をやってみます．つぼの中に，6色の玉を同じ個数ずつ入れます．でたらめに1個の玉をとり出して色を記録し，その玉をもとに戻して，よくかきまぜてから次の玉をとり出します．こうして60回くり返すと，たとえば

  白 12回

  黒 13回

  赤 6回

  黄 8回

  青 10回

  緑 11回

というような結果が得られます．これから食い違いの大きさを計算すると

$$\frac{(12-10)^2}{10} + \frac{(13-10)^2}{10} + \frac{(6-10)^2}{10} + \frac{(8-10)^2}{10}$$
$$+ \frac{(10-10)^2}{10} + \frac{(11-10)^2}{10} = 3.4$$

11 統計の大学院

　この実験をもう一度くり返すと、今度は、5.7といった結果が得られるかもしれません。さらにもう一度、めんどうでももう一度……、と、たくさんの実験をくり返して、その結果得られた食い違いの大きさの値をヒストグラムに描くと図のような分布に近くなるはずです。こんなめんどうな実験を誰かがやったわけではありません。その道の専門家が理論的に計算したのです。

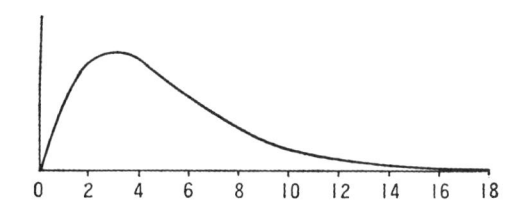

（図：0から18までの横軸上に描かれた分布曲線）

　いまの実験では、玉の取り出しを60回くり返したのですが、忙しい世の中なので、10回ぐらいに回数を減らしてみたらどうでしょうか。平均値は今度は10/6回です。これが、実にうまくいくのです。私達の約束にしたがった食い違いの大きさは、さっきと同じ分布にみごとに合致してくれます。回数を100回にしても6回にしても同じことです。

　そればかりではありません。つぼの中に入れる玉を、たとえば

　　　　白　　　　10個
　　　　黒　　　　20個
　　　　赤　　　　30個
　　　　黄　　　　40個
　　　　青　　　　40個
　　　　緑　　　160個
　　　　計　　　300個

としてみましょう．もし，玉の取り出しを30回とすると，それぞれの回数の平均値(期待値)は

白	1回
黒	2回
赤	3回
黄	4回
青	4回
緑	16回
計	30回

です．30回のくり返しで得た実現値とこの期待値とから，私達の約束にしたがって食い違いの大きさを計算してみます．こうした計算値をたくさん作ると，それも前ページの図の分布にしたがうから，すてきではありませんか．

要するに，6種類の事象の食い違いの大きさは，私達の約束にしたがって食い違いの大きさを定義するならば，実験の回数がどうであろうと，また，おのおのの事象の期待値がどうであろうと，前ページの図の分布にしたがうことが知られているのです．私達の食い違いの大きさの表わし方についての約束は，何と便利なことでしょう．この分布は，実は，自由度5のχ^2分布と呼ばれる分布です．χ^2はカイ2乗

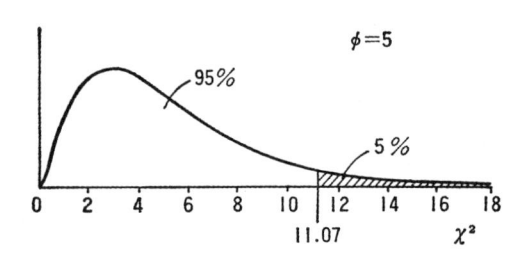

と読みます．この χ^2 分布で右すその面積が 5% になるところは横軸 (χ^2) が 11.07 のところです．したがって，私達の約束にしたがった食い違いの大きさが 11.07 より大きいならば，それは，5% 以下の確率でしか起こらないほど食い違いが大きいのだ，という判断になります．

前節のサイコロの問題に戻ってみましょう．サイコロを 60 回ふったときの結果は

	出た回数	平 均 値	平均値との食い違い
⚀	8	10	−2
⚁	14	10	4
⚂	7	10	−3
⚃	6	10	−4
⚄	15	10	5
⚅	10	10	0

でしたから，食い違いの大きさは

$$\frac{(-2)^2}{10} + \frac{(4)^2}{10} + \frac{(-3)^2}{10} + \frac{(-4)^2}{10} + \frac{(5)^2}{10} + \frac{(0)^2}{10} = 7.0$$

となったのでした．7.0 は 11.07 よりかなり小さい値です．ですから，本当に正しいサイコロであっても偶然のいたずらでこの程度の食い違いができてしまうことは，5% よりかなり大きい，いいかえれば，決して珍しいことではないという結論になり，私達の検定は，このサイコロはイカサマとはいえない，という判定になりました．このような検定法を **χ^2 検定** といいます．

この χ^2 分布は自由度が 5 でした．t 分布のところでお話ししたように，自由度とは，データの数から，使われた平均値の数を差し引いたものです．しかし，使われた平均値の数というと，つぼの中に入れる

玉の数に差をつけた場合のように、平均値が玉の色によって異なるときにはどうなるのだろうと疑問に感じます。χ^2分布のときには、つぼの中へ色をつけた玉を入れることを考えてみて、色の種類から1を引いた値が自由度であると考えておいたほうがわかりよいようです。

いろいろな自由度の χ^2 分布

前に、3つの面を⚀、2つの面を⚁、1つの面を⚂とした風変りなサイコロの例を考えました。60回のテストの結果は

	実現値	期待値	食い違い
⚀	27	30	−3
⚁	28	20	8
⚂	5	10	−5

であり、約束にしたがって食い違いの大きさχ^2を計算すると

$$\chi^2 = \frac{(-3)^2}{30} + \frac{8^2}{20} + \frac{(-5)^2}{10} = 6.0$$

でした。このサイコロは⚀と⚁と⚂とが3:2:1で出るサイコロであると考えてよいでしょうか。

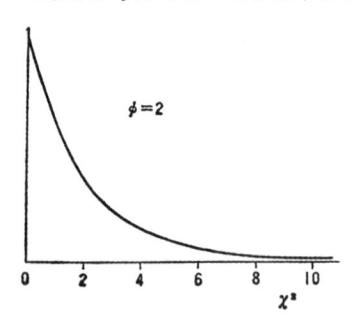

こんどは、つぼの中に3種類の玉を3:2:1の割合で入れた場合に相当します。つまり、食い違いの大きさχ^2は、自由度2のχ^2分布にしたがうことになります。自由度2のχ^2分布は、自由度が5のときと少し形が変わって左の図

のようになります．右すその面積が5%になるχ^2は5.99です．私達の風変りなサイコロでは，χ^2は6.0でしたから，もしこのサイコロが，⚀と⚁と⚂とが3：2：1で出るくせのないサイコロであるなら，こんなに食い違いが大きいことは，5%以下の確率でしか起らない，といえます．したがって，私達は，「サイコロにくせがない」という仮説を捨てて，このサイコロにはくせがある，と判定できたわけです．

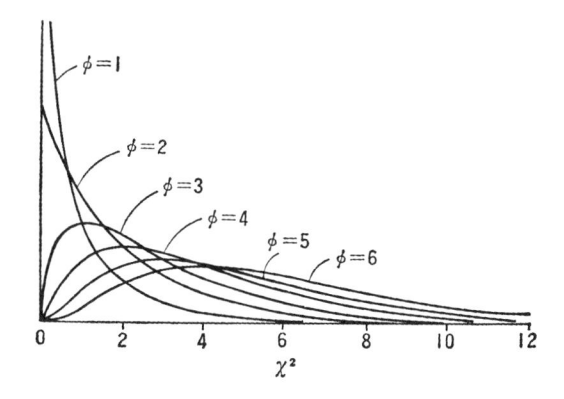

χ^2分布は，自由度が変わるにつれて上の図のように形が変わります．当然，右すその面積が5%になるχ^2の値も，自由度とともに変化します．χ^2分布の数表は，たいてい，統計の本には付いていますが，その一部を書くと次ページの表のようになります．表の書き方は，t分布の場合と同じですが，t分布表は両すその面積を加えた値で表が整理されているのに対して，χ^2分布では片すその面積で表が整理されています．tの値がプラスにもマイナスにもなりうるのに対して，χ^2の値はプラスにしかならないからです．

一つだけ例題をやってみます．基礎編で，はじめて検定の説明をし

χ^2 の値の表

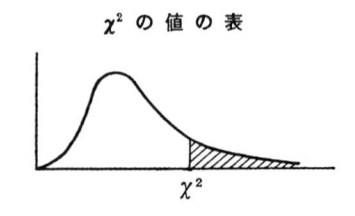

ϕ	すその面積		
	0.10	0.05	0.01
1	2.71	3.84	6.63
2	4.61	5.99	9.21
3	6.25	7.81	11.34
4	7.78	9.49	13.28
5	9.24	11.07	15.09
6	10.64	12.59	16.81
7	12.02	14.07	18.48
8	13.36	15.51	20.1
9	14.68	16.92	21.7
10	15.99	18.31	23.2

たときに，ジャンケンをしてみて

  10戦8勝では，とくに強いとはいえない

  15戦12勝では，強いといえる

と判定したことがありました．このときは，二項分布の性質を使って判定したのでした．この問題を χ^2 検定で取り扱ってみようというわけです．

 まず，10戦8勝の場合です．ジャンケンの実力が人並みなら，10戦のうち勝ちが5回，負けが5回が平均値（期待値）ですから，χ^2 の値はつぎのように求められます．

	実現値	期待値	食い違い
勝 ち	8	5	3
負 け	2	5	−3

$$\chi^2 = \frac{3^2}{5} + \frac{(-3)^2}{5} = 3.6$$

つぼに玉を入れるとすれば，勝ちの玉と負けの玉の2種類しかありませんから，自由度は1です．前ページの表から自由度1で，すその面積が5％に相当するχ^2は3.84です．3.6は3.84よりわずかですが小さいので「とくに強いとはいえない」と判定することになります．

つぎは，15戦12勝の場合です．

	実現値	期待値	食い違い
勝 ち	12	7.5	4.5
負 け	3	7.5	−4.5

$$\chi^2 = \frac{4.5^2}{7.5} + \frac{(-4.5)^2}{7.5} = 5.4$$

こんどは，明らかに3.84より大きいので，「強いといえる」と判定することになります．

いずれも危険率——あわてものの誤りを犯す確率——は5％です．もし，1％とか10％とかにしたければ，数表の，それに相当するχ^2の値を基準にすればよいわけです．

ばらつきの違いを表わす

機械で製品を作り出すとき，どうしても，大きすぎたり小さすぎた

りの誤差ができるのですが、一般に、誤差の平均値を動かすことは比較的容易です。刃物で製品を削り出す機械なら、刃物の位置を少し動かしてやれば、いままで大きいほうに偏りすぎていた製品の寸法を、小さい方へ動かしてやることができます。また、ボトルに飲料を詰める自動機械なら、飲料が流れ込む時間などを調整することによって、詰め込まれる量の平均値を変えることは容易でしょう。

これに対して、製品の誤差のばらつきを減らすのは、一般に、かなりむつかしい問題です。機械のガタとか、機械の一部に生ずるたわみだとか、機構部分の振動や流体の脈動など、複雑な原因がからみあっているので、誤差のばらつきを小さくするのは、ひとすじなわではいきません。

ですから、良い機械とは、誤差のばらつきが小さい機械だ、ということができます。誤差の平均値を0に移動させてやりさえすれば、いつも正しい製品を作り出すことができるからです。これに対して、悪い機械では、誤差の平均値を0に調整してやっても、誤差のばらつきが大きいので、大きすぎや小さすぎをせっせと作り出すことになります。

工場にある同種の2つの機械AとBとで作り出された製品の寸法を測ってみたところ、つぎのような誤差があることがわかりました。

　　　Aの製品：　$-2, 4, -1, 2, -3$

　　　Bの製品：　$6, -9, 3$

単位は何でもよいのですが、ミクロン単位としておきましょう。Aのデータが5つあるのに、Bのデータが3つしかありませんが、これだけしかデータが集まらなかったものと思ってください。AもBも誤差の平均値は0なのですが、一見して、Bのほうがばらつきが大き

いようです．これだけのデータでAの機械のほうが良い機械だと判定できるでしょうか．

今度はだいぶスタイルの違った問題です．けれども，推計学の推理の仕方は，いつでも同じような発想法にもとづいています．Aの5つのデータと，Bの3つのデータは，同じ母集団からとり出されたのだろうか，と考えてみましょう．いいかえれば，「機械の性能には差がない」という仮説をたてたことになります．同じ母集団から5つのデータの組と，3つのデータの組をとり出したとき，私達の場合のように，2組のばらつきの大きさが異なってしまう確率が5％より少なければ，同じ母集団からとり出されたものではない，すなわち，2組のデータのばらつきの差は偶然ではなく，機械の性能に差があったのだ，として仮説を捨てることにします．

このためには，両組のばらつきの差を数学的に表現しなければなりません．まず，1組のばらつきの大きさを不公平なく表わすには適当な値があります．分散の偏りのない推定量，すなわち，不偏分散（116ページ）です．不偏分散は

$$\frac{\sum(x_i-\overline{x})^2}{n-1}$$

で表わされるのでした．すなわち，Aのデータの不偏分散V_Aは

$$V_A=\frac{(-2)^2+4^2+(-1)^2+2^2+(-3)^2}{4}=8.5$$

ですし，Bのデータの不偏分散V_Bは

$$V_B=\frac{6^2+(-9)^2+3^2}{2}=63$$

となります．

ばらつきの違いの尺度は
$$F = \frac{V_B}{V_A}$$

つぎは，AとBの不偏分散の差を表わすことです．すぐに思いつくのは

$$V_A - V_B$$

ですが，しかし，一般的にAとBのばらつきを比較するにはあまり適当な表わし方だとは思えません．100と98の差と，3と1の差は同じですが，100〜98の相違と，3〜1の相違とは同じではないからです．そこで，V_AとV_Bの比をとることにします．比をとるときには，分子のほうが大きくなるようにしてください．私達の例ではV_Bを分子に，V_Aを分母にとって，その比をFで表すことにします．

すなわち

$$F = \frac{V_B}{V_A} = \frac{63}{8.5} = 7.41$$

さて，問題は，この7.41が小さいか小さくないかです．これを判断するためには，同じ母集団からとり出されたデータで作ったFがどんな分布をするかを知らなければなりません．

F 検 定

Fがどのような分布をするかは，もう先人に調べられてしまっています．いいところは，ぜんぶ先人が調べてしまって，私達に花を持たせてくれそうな穴場は，めったに残っていません．F分布の数表は，正規分布，t分布，χ^2分布の数表と並んで，統計の本ならたいていは記載されています．しかし，F分布の数表はほかの3つの数表のように1ページに収まらないのが玉にきずです．t分布やχ^2分布では自由度が1種類しか使われませんが，F分布では，2つの不偏分散が使われており，それぞれ別の自由度をもっているからです．前の節の例でいうと

V_Bの自由度は　2

V_Aの自由度は　4

です．したがって，2つの自由度と，分布のすその面積の3つの組合せで数表を作らなければならないので，どうしても1ページに収まらなくなってしまいます．そこで，この本では巻末に数表をつけるのはやめて，つぎのページに，その一部を載せておきます．

さて，この数表を使って，私達の検定をつづけてみましょう．分子

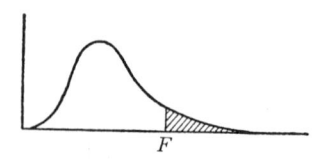

すその面積が 0.05 になる F の値

分母の自由度 \ 分子の自由度	1	2	3	4	5	6	7	8	9	10
1	161	200	216	225	230	234	237	239	241	242
2	18.5	19.0	19.2	19.2	19.3	19.3	19.4	19.4	19.4	19.4
3	10.1	9.55	9.28	9.12	9.01	8.94	8.89	8.85	8.81	8.79
4	7.71	6.94	6.59	6.39	6.26	6.16	6.09	6.04	6.00	5.96
5	6.61	5.79	5.41	5.19	5.05	4.95	4.88	4.82	4.77	4.74
6	5.99	5.14	4.76	4.53	4.39	4.28	4.21	4.15	4.10	4.06
7	5.59	4.74	4.35	4.12	3.97	3.87	3.79	3.73	3.68	3.64
8	5.32	4.46	4.07	3.84	3.69	3.58	3.50	3.44	3.39	3.35
9	5.12	4.26	3.86	3.63	3.48	3.37	3.29	3.23	3.18	3.14
10	4.96	4.10	3.71	3.48	3.33	3.22	3.14	3.07	3.02	2.98

すその面積が 0.025 になる F の値

分母の自由度 \ 分子の自由度	1	2	3	4	5	6	7	8	9	10
1	648	800	864	900	922	937	948	957	963	969
2	38.5	39.0	39.2	39.2	39.3	39.3	39.4	39.4	39.4	39.4
3	17.4	16.0	15.4	15.1	14.9	14.7	14.6	14.5	14.5	14.4
4	12.2	10.6	9.98	9.60	9.36	9.20	9.07	8.98	8.90	8.84
5	10.0	8.43	7.76	7.39	7.15	6.98	6.85	6.76	6.68	6.62
6	8.81	7.26	6.60	6.23	5.99	5.82	5.70	5.60	5.52	5.46
7	8.07	6.54	5.89	5.52	5.29	5.12	4.99	4.90	4.82	4.76
8	7.57	6.06	5.42	5.05	4.82	4.65	4.53	4.43	4.36	4.30
9	7.21	5.71	5.08	4.72	4.48	4.32	4.20	4.10	4.03	3.96
10	6.94	5.46	4.83	4.47	4.24	4.07	3.95	3.85	3.78	3.72

の自由度は2，分母の自由度は4でしたから，すその面積が5%になるFは数表から6.94です．私達のFは7.41でした．2組のデータが同じ母集団からとり出されたものであるならば，2組のデータのばらつきの比が私達の例のように大きくなる確率は5%もない，という結論になります．そこで，同じ母集団からとり出されたのではないとみなして，「機械の性能には差がない」とした仮説を捨てて，機械の性能に差あり，と判定することにするのですが，ちょっと待ってください．この考え方には誤りがあります．F分布の数表を使うとき，誰でもよく犯すまちがいをしているのです．

2組のデータの不偏分散の比をとるときに，分子のほうが大きくなるようにしたことを思いだしていただきます．そうしないと，Fの値が1より小さいことも大きいこともあって，ただでさえめんどうなF分布の数表が，ますますめんどうになってしまうから，そうしたのです．けれども，そうしたおかげで分布のすその面積の意味がふつうとは変わってしまいました．V_Aが大きいときでも，V_Bが大きいときでも，すその面積に効いてくるので，片方だけの場合に比して，すその面積が2倍になってしまったのです．そこで，t分布の両側検定に相当する意味でF分布表を使うときには，5%の危険率なら，すその面積が2.5%の数表を引かなければなりません．

2.5%の数表で引き直すと，分子の自由度が2，分母の自由度が4のFの値は10.6です．私達のFの値は7.41でしたから，10.6より小さい値です．つまり，同じ母集団からとり出された3つのデータの組と，5つのデータの組が，私達のデータのように，ばらつきの大きさがかなり異なることは，決してまれではない，ということです．したがって，「機械の性能に差がない」とした仮説は捨てることができません．

この場合，私達は両側検定をしたことになります．しかし，データをもう一度，よく見てみましょう．

　　Aの製品： -2, 4, -1, 2, -3

　　Bの製品： 6, -9, 3

見れば見るほど，Aのほうが誤差が少なく，すぐれているようです．これだけはっきりしているなら，AのほうがBよりもすぐれているか，悪くても同等だと考え，AがBより劣っているかもしれないという心配は無視してしまったらどうでしょうか．つまり，片側検定をするのです．片側検定のときには，すその面積は両側検定のときの2倍とすればよいわけですから，Fの値は，すその面積が5％の数表から求められ，6.94になります．こうすると，機械の性能に差がある，すなわち，Aのほうがすぐれている，という判定になります．しかし，この考えは正しくありません．データだけでAのほうがすぐれているにちがいない，と決めてしまってはいけないのです．「AとBとに差がない」という仮説をたてて検定する以上，Aのデータがすぐれている場合と，Bのデータがすぐれている場合とは五分五分の確率で起こると仮定しているわけで，その仮定をはじめから無視することは，論理の内部でむじゅんをすることになるからです．

　片側検定を行なうことができるのは，データ以外に，AがBよりも劣っているはずがないという客観的な判断ができる場合に限ります．データ以外に，そういう情報があるからこそ，両側検定に比べて，仮説を捨てる決心がつけやすいのです．「AとBの性能に差がない」という仮説を捨てないのは，積極的にAとBとの性能に差がないことを認めているのではなく，これだけの証拠では，AとBとの性能に差があるとはいいきれない，といっているのだということを，もう一度，

11 統計の大学院

疑わしきは罰せず
無罪と無実は同じでない

確認してください．いうなれば，疑わしきは罰せず，の思想です．無罪は無実とは必ずしも同じではありません．データ以外に，AはBより劣っていない，という証拠があるときに，片側検定が使えるのは，証拠が多いので，有罪の判決が下しやすいからにほかなりません．

書き残してしまったこと

ずいぶん昔のことですが，江の島に，野生のリスが猛烈な勢いでふえて，困っているという記事を新聞で見たことがあります．島内の植物園が，日本一と自慢しているつばき園も，実を食い荒らされるし，電柱も倒れそうになるほど，かじられるのだそうです．そこで，何とか対策をと考えるのでしょうが，相手の兵力がどのくらいあるのかを知らなくては，対策もたてようがありません．島内にどれだけの野生

リスが住んでいるかを調べたいのですが，どうしたらよいでしょうか．

こういうとき，よく使われる方法の1つに捕獲再捕獲法というのがあります．たとえば，島内の何個所かで50匹の野生リスを捕えます．捕えた野生リスには，目じるしをつけて逃してやります．数日たってから，また，100匹の野生リスを捕えたところ，先日，捕えて目じるしをつけた奴が5匹だけ混ざっていたとします．島の中には，目じるしをつけられた野生リスの100/5倍の野生リスが住んでいると考えられるので，野生リスの人口，じゃない，リス口を

$$50 \times \frac{100}{5} = 1{,}000 \text{匹}$$

と推定するのです．

ここまでは単純な比例計算です．しかし，再捕獲されたのがたった5匹では，推定の精度はずいぶん悪そうです．ちょっとした偶然でそれが3匹だったら島内のリス口は

$$50 \times \frac{100}{3} \fallingdotseq 1{,}600 \text{匹}$$

と推定することになってしまうのですから……．そこで，島内のリス口を区間推定する必要を感じます．こういう場合の区間推定はどうやったらよいでしょうか．残念ながら，この本でご説明した範囲では，この区間推定はできません．本当は，こういうところまでお話ししたかったのですが，紙面の都合で別の機会にゆずりました．

統計の入門書で取り扱うべき範囲で，この本からはみ出してしまったものに，**相関**と**回帰**があります．足の大きな人を冷やかす言葉がありますが，知能の程度と足の大きさの間には，本当に関係があるので

11 統計の大学院

しょうか．身長の大きい人は体重も重いのがふつうですが，例外もかなりあります．こういう関係の強さ弱さを判断するのが相関です．足の大きさが 1 cm 増えるにつれて，知能指数が何点変わるかを数式で表わすやり方が回帰です．

この章は，大学院なので，χ^2 分布と F 分布の使い方の一部をご紹介しました．しかし，χ^2 分布も F 分布ももっともっと広い利用範囲があります．

それに，実用的な面からいえば，確率紙の使い方も，ぜひご紹介したかったのです．二項確率紙が 1 枚あれば，おや，まあ，というほどたくさんのげい当ができます．それから，あれも，これも……．心残りはたくさんあります．

しかし，ひとことだけ言い訳を許してもらえるなら，内容をよくばると，結局は，どれも本当にはわかっていただけないのではないか，と余計な心配かもしれませんが，そう思ったので，多くの部分をこの本からはみ出させてしまったわけです．はみ出した部分については，別の機会にご紹介したいと考えていますので，お許しください．

ひとやすみ

哲学を学ぶべきではない，哲学することを学ぶのだ 　——　カント

統計を学ぶべきではない，統計することを学ぶのだ 　——　H・O

娯楽編

運がカードを混ぜ，勝負を人がする　──　アル・カポネ

数字が統計を作り，判断を人がする　　　── H・O

12 パチンコの統計

生 デ ー タ

　数字は魔物だ,と前に書きました.しかし,魔物は数字だけではありません.妖怪というか魔物というか,不思議な能力を持つゲゲゲの鬼太郎などが長く人気を保っているこの頃です.いろいろな魔物が世の中を賑わしてくれます.

　放火魔,通り魔,尻切り魔,色魔などは,どうも感心しませんが,魔物は悪いやつとばかりはかぎりません.数字が魔物でありながら,人類にとっても必要欠くべからざるものであるように,世の中の役に立つ魔物も少なくないのです.何でも手当りしだいに整理をしてしまう整理魔は,中年の女性によく見られ,口うるさいのが玉にきずですが,身辺の整理をしてくれるので重宝な存在です.また,何でも片っぱしからメモをしてしまう習性をもった'記録魔'もいます.記録魔は世の中に貢献する資質を持っています.記録をうまく活用さえすれ

ば，よい統計を作ることができ，ひいては，人類の繁栄に，ほんの少しだけにしろ，寄与することになるからです．

私の職場の先輩に，S氏という記録魔がいて，たくさんのSメモが残されています．私達の人事のメモは，転勤や昇任の時期が個人別に年表に作られていて，某年の某月には，くっきりと×印がつけられています．それが定年を表わすデス・マークなのだそうです．

Sメモのひとつにパチンコのデータがあります．人類の繁栄に寄与するために，そのデータを貰ってきました．かなり古いデータなのですが，その代り電子的な遠隔操作などの心配のない素朴なパチンコの生の姿です．このデータはつぎのように記録されています．

月日	曜日	店	資金(円)	時間(分)	最大玉数	交換玉数
………………………………(前　　略)………………………………
7. 10	水	D	500	60	843	750
7. 11	木	D	500	20	340	0
7. 11	木	G	500	10	125	0
7. 12	金	D	500	0	125	0
7. 12	金	D	500	30	325	0
7. 13	土	D	500	40	780	720
7. 14	日	A	500	60	550	0
7. 14	日	B	500	20	273	0
………………………………(後　　略)………………………………

たとえば，7月10日の水曜日に，S氏はDというパチンコ店で500円ぶんの玉を使い，60分の時間をかけて奮闘した．そして，手持ちの玉は増えたり減ったりしたのでしょうが，いちばん増えたときには，843個であり，最終的には750個の玉を景品と交換して，めでたくがいせんした，ということです．時間は5分単位で記録されているので，またたくまに，すってしまった場合には0分となっています．

12　パチンコの統計

料理すると，量は減るが食べやすくなる

　私がもらってきたのは，ある8カ月間の記録ですが，その間に，何と395回のデータが記録されています．8カ月間に400回もパチンコをする人は，必ずしも珍しくないかもしれません．そして，きのうはいくらもうかった，きょうはどれだけ損をしたと記録する人も，まれにはいるかもしれません．しかし最大の玉数や，奮闘時間までを記録にとどめる人は，日本広しといえども，わが先輩のS氏を除いて，他にいないのではないでしょうか．やはり，魔物会員にすいせんするぐらいの価値がありそうです．

　ところで，データは395回分が，いま，私の手元にあります．記録されたばかりで，まだ統計のころもを着せていないこのようなデータを**生データ**といいます．これから，この生データを料理して，人類の繁栄に寄与する教訓を導き出そうというのです．しかし，本当は，生データがいちばん確かで，もっともたくさんの情報を持っています．いくらじょうずに料理をしても，生データより真実に近くなることはありえません．せいいっぱいに気をつけて，やっと生データと同じ確

かさをもった統計値が得られるにすぎません．そして，料理すれば，必ず情報の量は減ってきます．それなら，料理をしなければよさそうなものですが，残念ながら，生データのままでは，雑然としていたり，量が多すぎたりして，データの持つ'意味'が理解しにくいのがふつうです．そこで，情報の量が減ってしまうのは覚悟のうえで，確かさを低めないように注意をしながら，統計的な加工をほどこしてデータのエキスだけをとり出そうというわけです．

そういうわけですから，はじめに395回分の生データをぜんぶご紹介したいのですが，それには数十ページが必要で，出版社が許してくれそうもありません．それで，データの整理の仕方と，結果だけをご紹介することにします．

どう整理するか

大正時代にガチャンコという子供の遊びが流行しており，これがパチンコの元祖なのだそうですが，いまでは「18歳未満お断り」なのですから，大人が子供の遊びをとり上げたことになります．大人の遊びとなると，ただの偶然にまかせておくほどのどかではなくなり，お客のほうも必死なら，店のほうも必死，釘師というプロフェッショナルが出現しました．釘師は，一定の計画にしたがって，一夜のうちに，パチンコの玉のはいりぐあいをすっかり調整してしまう専門家のことです．パチンコが偶然だけに左右されるなら，自分の腕をみがく以外に策がないのですが，玉のはいりぐあいが人為的に操作されているなら，その裏をかけるというものです．そこで，S氏の貴重な395回の記録を分析してみましょう．釘師は，曜日に対応して玉のはいりぐあ

12 パチンコの統計

人為的な操作がされているなら
うらのかきようがある

いをいじっているように思えるので，何曜日にパチンコをするのが得かを調べてみることにします．

そのためには，データを曜日ごとに7つのグループに分け，各グループごとに

> 何回やったか
> そのうち何回は景品をかく得できたか
> 景品と取りかえた玉数はいくつか
> 最大玉数の平均はいくらか
> 平均して時間はどれだけかかったか

などを調べる必要があります．ところが，400に近いデータを，必要な曜日のところだけ足し算をしていくのは，なかなかたいへんな仕事

です．目がちらついてきて，必要な行を見落としてしまったり，ほかの曜日の値を足してしまったり，どうしてもミスが発生します．

　いまどき，そのような心配はいらない，表計算のソフトが組み込まれたパソコンにデータをまちがいなく打ち込みさえすれば，曜日ごとにでも，店ごとにでも，立ちどころに分類して正しく集計してくれる，と思われるかもしれません．確かに，そのとおりです．けれども，この章は生データを調理して有用なエッセンスを取り出す過程を見ていただくための章ですから，その過程をパソコン任せにするのは趣旨に反します．そこで，パソコンが普及する以前に多用されていたデータ整理の方法を見ていただこうと思います．

　数百くらいのデータをいろいろな分類ごとに集計するとき，よく利用されたのが，ホール・ソート・カードと呼ばれる分類カードです．

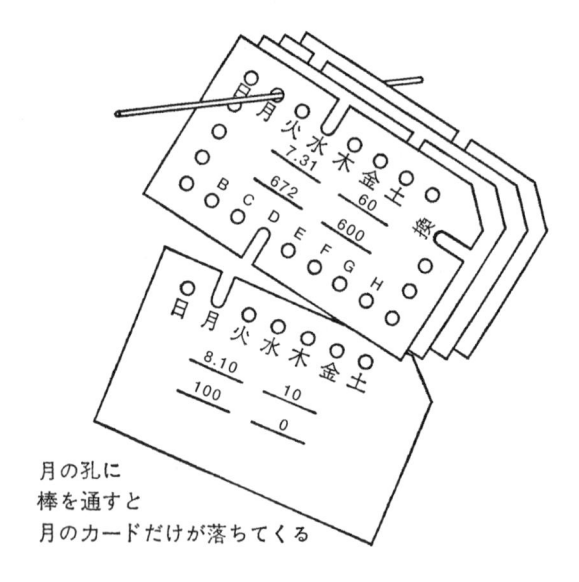

月の孔に
棒を通すと
月のカードだけが落ちてくる

12　パチンコの統計

ハガキより小さめなカードで，周辺に沿ってたくさんの孔があけられています．また，カードのひと隅が斜めに切り落されていますが，これは，カードを揃えるときに上下，左右，裏表が混ざらないようにする配慮です．

私たちは，データを曜日ごとや店ごとに集計したいのですから，カードの上辺に並んだ孔に左から日，月，火，……，土を割り当てましょう．また，カードの下辺に並んだ孔には，A，B，C，……という店の名前を割り当てます．また，カードの右辺にある孔のひとつを「景品と交換」のカードを選別するために使いましょう．

このように決めたら，1回のパチンコのデータを1枚のカードに記入します．曜日と店名と交換の有無は孔を切り欠くことによって表わし，月日，時間，最大玉数，交換玉数はカードに書き込んでいただきます．たとえば

　　　月日：　7.31　　　　曜日：　水
　　　店名：　D　　　　　時間：　60
　　　最大玉数：　672　　交換玉数：　600

というデータは，図の上部のカードのように記録されるわけです．なお，S氏の場合はいつも投資額が500円と決まっているので，ここでは省略していいでしょう．

これで準備完了です．まず，月曜日のデータを集計しましょう．395枚のカードをとんとんと揃えて「月」の孔に金属の棒を通し，持ち上げて軽く振ると，数十枚のカードが落ちてきます．それが，月曜日のデータです．その枚数を数えると45枚……．395回のうち45回は月曜日にやっているわけです．45枚のカードに記入された最大玉数を合計すると17,343です．つぎに，45枚のカードをそろえて，こん

どは，右縁のいちばん上，すなわち'交換'の孔に棒を突き刺してカードを振り落とすと，15枚のカードが落ちてきました．月曜にパチンコをやった45回のうち，15回は景品をとっていることになります．景品と交換した玉数を合計すると7,725個となりました．

　こういうカードは，作るのは少々めんどうですが，作ってしまうと，曜日ごと，店ごと，交換の有無のすべての組合せで手軽に分類できるので，きわめて便利です．このカードは，孔（ホール）で分類（ソート）するカードなので，ホール・ソート・カードと呼ばれています．

　なお，市販されているホール・ソート・カードでは孔が2列に並んでいるものもあります．これは，孔を1列めまで切り落とすことも，2列めまで切り落とすこともできるようにしたものです．1の孔に棒を通せば，1の孔と2の孔の条件のどちらかに該当するカードは振り落とされ，2の孔に棒を通せば，2の孔の条件を満足するものだけがとり出されるという仕掛けです．ただし，2の孔の条件は，もともと1の孔の条件を満たしているものでなくていけません．たとえば

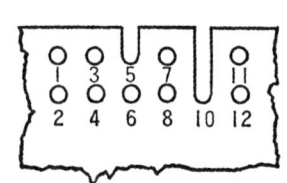

　　　1の孔：　もうかった
　　　2の孔：　1,000円以上もうかった

というようなものです．また，1の孔と3の孔の両方に棒を通せば，1の孔と3の孔の両方の条件を満たすカードだけが振り落とされます．

　ホール・ソート・カードは，このような機能を持っているので，数千個くらいまでのデータを整理するためには有用な小道具です．しかし，データの数が万の桁になると，あまりにも手間がかかりすぎて実用的ではありません．そこで，大量のデータを処理するために穿孔機

と分類機という事務機械が開発され,使われた時代がありました.

まず,個々のデータを穿孔機によってパンチ・カードに孔をあけて記録し,そのカードの束を分類機にかけて毎分数百枚くらいのスピードで,分類,加減算,比較,対照,印刷などの作業を行なうための事務用機器でした.国勢調査をはじめ,多くの分野で実力を発揮したこともありましたが,いまでは,コンピュータにとって代わられ,すっかり姿を消してしまったようです.

曜日によって差があるか

娯楽編なのに,データ整理の解説をながながと申し上げてすみませんでした.あやまります.さっそく,395回のパチンコのデータを整理した結果をご紹介します.

まず,曜日によって玉の出やすさがどう違うかを見るために,曜日ごとに集計をした結果です.

曜日	回数	最大玉数の総計	景品をとった回数	景品に替えた玉数
日	48	16,458	9	6,183
月	45	17,343	15	7,725
火	66	19,232	13	7,445
水	44	14,510	8	4,463
木	53	15,297	9	3,700
金	52	16,298	14	6,937
土	87	27,657	13	10,200
計	395	126,795	81	46,653

さて,この集計結果から何がわかるでしょうか.土曜日には,最大玉数の総計も多いし,景品と取りかえた玉数も多く,一方,水,木あ

たりは少ないようですが, 土曜日は稼ぎやすいといえるのでしょうか. その判断のためには, もう少し慎重な考慮が必要です. この貴重な395回の記録は, 1回あたり500円ずつ投資しているので, しめて, 197,500円の取材費が使われているのですが, この197,500円は日曜から土曜までに, 均等に使われているのではありません. もし, 水曜や木曜に比べて, 土曜に3～4倍も投資をされているようなら, 土曜の10,200個の収穫は稼ぎが大きいということはできません. そこで, 最大玉数の総計を, 回数で割って, 1回あたりの平均値にしてみます. 同様に景品をとった回数も, 景品と取りかえた玉数も, 1回あたりの値に直します.

曜日	最大玉数の平均	景品をとった回数の割合	景品に替えた玉数の平均
日	343	0.188	129
月	385	0.333	172
火	291	0.197	113
水	330	0.182	101
木	289	0.170	70
金	313	0.269	133
土	318	0.149	117

こんどは, これらの値を対等に比較することができます. 視覚にうったえるために, これらの値を棒グラフにしてみました. 見たところでは, 月曜は良し, 金曜はそれについで良し, 木曜はだめ, といったところです. データの数が多いので, この結果はかなり信頼できそうです. どのくらい信用できるかを調べてみましょう.

景品をとった回数で調べてみます. 平均や割合で調べるには, この本には書いていない技巧が必要でめんどうだからです. 曜日ごとに,

12 パチンコの統計

パチンコをした回数と，そのうち景品をとった回数との一覧表は次のようになります．総計395回のうち，81回は景品をとったのですから，日曜には

$$48 \times \frac{81}{395} = 9.8$$

だけ景品をとっていれば，'平均並'ということができます．つまり，曜日ごとに玉の出やすさが同じなら日曜に景品をとる回数の期待値は9.8回ということです．同様に，ほかの曜日の期待値も計算できます．そうすると，曜日ごとに玉の出やすさが等しいかどうかのχ^2検定ができるはずです．いいかえると，こういうことです．箱の中に

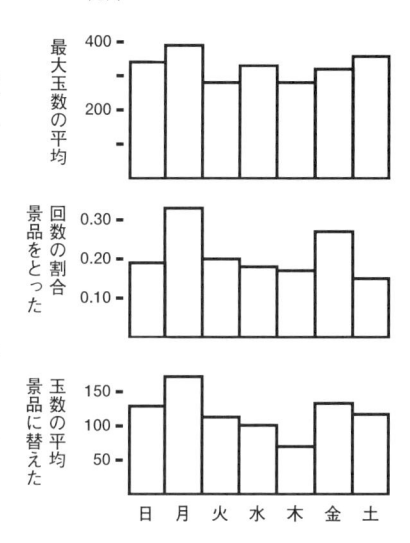

　　日，月，火，水，木，金，土

の印をつけた球を

　　　48：45：66：44：53：52：87

の割合で，非常にたくさん入れておきます．その中から81個の球を

曜日	パチンコをした回数	景品をとった回数
日	48	9
月	45	15
火	66	13
水	44	8
木	53	9
金	52	14
土	87	13
計	395	81

でたらめに取り出すとすると，81個の中に含まれる各曜日の球は，それぞれの期待値になるのが公平なところです．しかし，実際には期待値と食い違って日が9個，月が15個……という結果になりました．この食い違いの大きさは「曜日ごとに玉の出やすさが変わらない」とみなすには大きすぎるかどうかを調べるということです．

食い違いの大きさ χ^2 は

$$\chi^2 = \sum \frac{(実現値-期待値)^2}{期待値}$$

であったことを思い出して，さっそく計算してみます．

曜 日	実現値	期待値	その差	その2乗	期待値で割る
日	9	9.8	−0.8	0.64	0.07
月	15	9.2	5.8	33.64	3.66
火	13	13.5	−0.5	0.25	0.02
水	8	9.0	−1.0	1.00	0.11
木	9	10.9	−1.9	3.61	0.33
金	14	10.7	3.3	10.81	1.02
土	13	17.9	−4.9	24.01	1.34
				計	6.55

問題はこの6.55が大きいかどうかです． χ^2 分布の数表から自由度6のところの値を引くと下の表のようになっています．統計学では，危険率が0.05のときの値より，大きな値が得られたとき，差が認められると判定するのでした．つまり，データから求めた χ^2 の値が12.59より大きいとき，曜日によって差があると判定できるわけです．私達が求めた6.55は，それに比べて小さすぎます．推計学の常識からいえば，

危険率	χ^2 の値
0.5	5.35
0.25	7.84
0.1	10.64
0.05	12.59

12 パチンコの統計

月曜よし，木曜だめ

私達のデータでは，曜日ごとに差があると判定できないことになります．

　実は，データを解析しながら，こういう結果になるだろうと私は予想していたのです．推計学の検定の思想は，「疑わしきは罰せず」です．はっきりと差があるときにしか，差があると判定しないのです．しかし，パチンコ屋が，曜日ごとにはっきりと差をつけておくわけがありません．そんなことをしたら，出やすい日にばかり客が集中して，商売にならないからです．差をつけるとしても，目立たない程度に，そっと差をつけておくに違いありません．そこで，判定の危険率を0.05などとぜいたくをいわずに，もっと下げてみます．前の表からわかるように，危険率を0.5まで下げると，やっと私達の6.55のほうが大きくなります．正確にいうと，私達の6.55で「曜日ごとに差がある」と判定したときの危険率は0.41です．

　いいかえると，「差がある」と判定すると，その判定が間違ってい

る確率は41％です．ということは，「差がある」と判定するほうが「差がない」と判定するよりは当たる確率が大きいということです．やっぱり，曜日ごとに，そっと差をつけてある疑いが濃厚です．ねらうなら月曜……．木曜はやめたほうが無難……．

店によって差があるか

　誰でもそうでしょうが，金・土曜日の夜は気分がぐっと落ち着くものです．それに比べて，月〜木曜の夜は明日の勤務が気になってパチンコにかける時間も少なくなりがちです．ですから，パチンコ・プレーヤーのプレイの仕方も曜日によって異なってくるかもしれません．そこで，曜日ごとに，景品を獲得した場合だけに限って，景品と交換した玉数の平均と，所要時間の平均とを調べてみました．244ページの「景品と取りかえた玉数の平均」は，パチンコをした回数あたりの平均ですし，こんどは，景品を得た回数あたりの平均ですから，意味が違います．調べた結果は下表のとおりです．予想どおり，土曜と日曜には，たっぷりと時間をかけてねばっており，その結果，1回あたりの交換玉数も多くなっています．けれども，これが，たくさんの玉

曜　日	交換玉数の平均	奮戦時間の平均(分)
日	687	100
月	515	59
火	573	55
水	558	44
木	411	71
金	496	49
土	785	102

12 パチンコの統計

*どの店だって同じ
それなら, 可愛い娘のいる店へ*

をとるには時間が必要だという意味なのか, 時間をかければたくさんの玉がとれるということなのかは, このデータだけではわかりません.

いずれにしろ, 月曜は比較的短い時間で, ある程度は稼いでいるのに, 木曜は時間をかけてねばっても成績が上がりません. やはり, 月よし, 木だめ, のようです.

つぎに, 店によって玉の出かたが違うかどうかを調べてみました. 395回のうち約6割の237回がA店です. S氏は, データを純粋にするために, なるべく同じ店にしたのだ, といっておりますが, ひょっとするとA店にお気に入りの女の子がいたかもしれません. B店では35回, D店で38回のデータが記録されており, それ以外に十数軒のパチンコ店に取材費が支払われていますが, いずれもデータの数が少ないので, ここでは, A, B, Dの3軒についてデータを比較してみます.

店	回数	最大玉数の平均	景品をとった回数とその割合	景品と取りかえた玉数の平均
A	237	318	46 (0.194)	108
B	35	315	7 (0.200)	105
D	38	373	11 (0.290)	218

ちょっと見には，Dの店が良いようです．しかし，BとDのデータが少ないので，どれだけそれを信用してよいか疑問です．さっきと同じ手順でχ^2検定をやってみましょう．

店	実現値	期待値	その差	その2乗	期待値で割る
A	46	49	−3	9	0.18
B	7	7	0	0	0.00
D	11	8	3	9	1.13
				計	1.31

自由度2のχ^2分布表をみると，1.31で差あり，と判定すると，判定が間違う確率が50％を越してしまうことがわかります．すなわち，「差なし」と判定するほうが当たる確率が大きいということです．店によって玉の出やすさには，差は認められないようです．差が認められそうなパチンコ屋があったら教えていただけませんか．

13 野球の統計

ヤクルトは近鉄より強いか

　2001年のプロ野球は，なかなかエキサイティングでした．セントラル・リーグでは，首位のヤクルトに大きく引き離された巨人が終盤に猛然と追い上げ，巨人ファンは逆転優勝への夢に舞い上がったものでした．パシフィック・リーグでは，上位3～4チームが最後まで熾烈な優勝争いを展開し，近鉄の優勝を決めた北川選手の一発が，プロ野球史上初の代打・逆転・サヨナラ・満塁・ホームランという離れ業であったことも，永く語りつがれるでしょう．

　そして，セ・リーグ代表のヤクルト・スワローズとパ・リーグ代表の近鉄バッファローズとの日本シリーズがヤクルトの4勝1敗という，ややいっぽう的な結果で幕を閉じ，野球ファンにとっては胸にぽっかりと空洞があいたような淋しいシーズン・オフを迎えました．つぎのシーズン開幕までの長い冬を慰めてくれるものは，ストーブ・リ

ーグと，過ぎ去ったシーズンの記録です．記録をためつすがめつ眺めては，こうであった，ああであったと思い出にふけるファンのいじらしいこと……．

ところで，統計学に強くなった私達としては，なみのファンと同じ目で記録を眺めていたのでは，統計を学んだ甲斐がありません．記録をいじって，自らの学の深さに酔いたいものです．

まず，日本シリーズの戦績を解析してみましょう．このシリーズは7回戦を予定し，どちらかが4勝を挙げた時点で「日本一」が決まり，残りの試合は打ち切りとするというルールで戦います．戦績は，つぎのとおりでした．

　　○ ヤクルト　7 — 0　近鉄
　　　 ヤクルト　6 — 9　近鉄 ○
　　○ ヤクルト　9 — 2　近鉄
　　○ ヤクルト　2 — 1　近鉄
　　○ ヤクルト　4 — 2　近鉄

このように，5回戦までにヤクルトが4勝を挙げて日本一を決め，残りの2試合は打ち切られたのですが，さて，この結果からヤクルトが近鉄よりも強いと判定できるでしょうか．

この判定は，すでに138ページで下されています．両者の間に実力の差がなくても，注目している一方(ヤクルトとしましょう)が偶然の作用だけで5戦中に4勝以上する確率が18.7％もありますから，両者の実力に差がないという仮説は捨てられない……というのが138ページの検定結果でした．

しかし，ちょい待ち，です．この結論は5回戦のうち4勝した場合について下したものでした．それに対して今回は，7回戦のうち2回

13 野球の統計

を残して4勝を挙げてしまったのです．あと2回戦を行えば勝星の数がもっと増えるかもしれないではありませんか．そうすると，判定も変わってきそうなものです．そこで，「7回戦」ということを頭において考え直してみようと思います．

では，ヤクルトと近鉄の実力が等しく勝率が0.5ずつであるとして，ヤクルトが日本シリーズの勝者となるケースを分析していきます．

まず，ヤクルトが4連勝して4回戦でケリがつく確率は

$$(1/2)^4 = 1/16 = 2/32$$

つぎに，4回戦まで3勝1敗で，5回戦の勝利でケリがつく確率が

$$_4C_3 \times (1/2)^4 \times 1/2 = 4/16 \times 1/2 = 4/32$$

また，5回戦までが3勝2敗で，6回戦でケリがつく確率が

$$_5C_3 \times (1/2)^5 \times 1/2 = 10/32 \times 1/2 = 5/32$$

さらに，6回戦までが3勝3敗で，7回戦でケリがつく確率が

$$_6C_3 \times (1/2)^6 \times 1/2 = 20/64 \times 1/2 = 5/32$$

となるはずです．整理すると，ヤクルトが優勝する確率は

  4回戦まででヤクルトが優勝　2/32

  5回戦まででヤクルトが優勝　4/32

  6回戦まででヤクルトが優勝　5/32

  7回戦まででヤクルトが優勝　5/32

という内訳になっていることを知りました．これらの値を合計すると，ヤクルトが優勝する確率が16/32，すなわち1/2になっていて，近鉄と優勝の確率を1/2ずつ分け合っていることがわかります．それもそのはず，ヤクルトと近鉄の実力が等しいとして計算しているのですから．

結論を急ぎましょう．ヤクルトと近鉄の実力が等しい場合でもヤク

ルトが5回戦までに優勝を決める確率が

$$2/32 + 4/32 = 6/32 ≒ 18.7\%$$

もあるのです．疑わしきは罰せずという検定の思想に基づいて5％の危険率で判定を下すなら，「ヤクルトと近鉄の実力に差がない」という仮説を採用することになります．近鉄ファンの方は，この結論で満足しておいてください．そしてヤクルトファンの方は，いや，81％もの確率で「実力に差がないとはいえない」のだから，やっぱりヤクルトのほうが強いのだと思っておいてください．81％で満足できるかどうかは主観の問題なのですから．

パ・リーグの各チームに実力差はあるか

次ページの表は，2001年のパシフィック・リーグの最終成績表です．どの新聞にも必ず掲載される表の形と同じです．このシーズンは，近鉄，ダイエー，西武の3チームが終盤まで熾烈な優勝争いを繰り広

13 野 球 の 統 計

順位	チーム	試合	勝	敗	分け	勝率
1	近鉄	140	78	60	2	0.565
2	ダイエー	140	76	63	1	0.547
3	西武	140	73	67	0	0.521
4	オリックス	140	70	66	4	0.515
5	ロッテ	140	64	74	2	0.464
6	日本ハム	140	53	84	3	0.387

げ,ファンを魅了したのですが,終わってみれば,その3チームにオリックスを加えた上位の4チームの勝率がダンゴ状態で,その下にかなりの差がついてロッテが,さらにもっと差がついて日本ハムがぶら下がった形になりました.いったい,パ・リーグの6チーム相互間には実力差があるといえるのでしょうか.それとも,いえないのでしょうか.

これを調べるために,6チームの勝数の食いちがいを χ^2 検定しようと思うのですが,ひとつだけ困ったことがあります.勝ちと負けの数のほかに引分けの数が記録されていて邪魔なのです.で,引分けは0.5勝とみなすことにしましょう.たとえば,ダイエーは76勝63敗1引分けなので,これを,76.5勝63.5敗とみなすようにです.

チーム	実現値	期待値	その差	その2乗	期待値で割る
近鉄	79	70	9	81	1.16
ダイエー	76.5	70	6.5	42.25	0.60
西武	73	70	3	9	0.13
オリックス	72	70	2	4	0.06
ロッテ	65	70	−5	25	0.36
日本ハム	54.5	70	−15.5	240.25	3.43
計	420	420			$\chi^2 = 5.74$

そうすると、χ^2検定の作業は前の表のように進行しχ^2の値は5.74 となります。いっぽう、χ^2の数表から自由度が5で危険率が0.05の χ^2の値を引くと11.07です。したがって、「6チーム間に実力差がない」 という仮説は棄却できず、勝数のばらつきは偶然によって生じたもの にすぎないと判定されました。日本ハムやロッテも決してパ・リーグ のお荷物ではなかったと、推計学は教えてくれているのです。

こういうとき、チームの実力には「**有意差がない**」といういい方を します。差があるという判定が出たときには「**有意差がある**」といい ます。用語の説明を書き忘れてしまったので、おそまきながら紹介さ せていただきます。

ところで、いまは5％の危険率で検定をしたのですが、危険率をも う少し大きい値までがまんするとどうなるでしょうか。市販されてい るχ^2分布の数表には、各自由度ごとに、危険率が0.05（5％）、0.10、 0.25、0.50などのとびとびの値に対応するχ^2の値しか載っていません が、それらの値を手掛りにして5.74というχ^2の値に対応する危険率 を求めると、下の表のように34％くらいになります。したがって、 パ・リーグの6球団の実力には有意差がある と判定すると、その判定が間違っている確率 は34％です。この34％を覚悟のうえでロッ テや日本ハムをお荷物と非難する方がいて も、私のせいではありませんから、悪しから ず……。

自由度5のχ^2の値

χ^2の値	危険率
4.35	0.50
(5.74	0.34)
6.63	0.25
9.24	0.10
11.07	0.05
12.83	0.025
15.09	0.01

最後にちょっと念のため……。このχ^2の 検定には、実は、考え方として少しだけ誤り があるのです。6チームの勝星の数で、実力

の差をχ^2検定した考え方はつぎのとおりです．6チームのそれぞれに対応する6色のボールが同じ割合で入れた箱がある，ボールの数は非常に多い，その中からでたらめに420個のボールを取り出したら，それぞれの色のボールが

　　　　79, 76.5, 73, 72, 65, 54.5個

であった，70個が期待値であるので，χ^2を計算したら5.74となった，ということで，コンマ5の端数がついていることは気にしないことにして，ここまでの考え方は正しいのです．6色のボールの取り出し方が，それぞれ独立なら，このとおりなのですが，野球の勝数の場合には，全く独立ではなく，拘束条件があります．近鉄と日本ハムとは28試合をするので，もし，日本ハムがリーグ戦を通じて全敗であれば，近鉄の勝星は0から140までのどの数字でも可能性があるのではなく，日本ハムに対する28勝は保証ずみなので，28～140までの値に限って可能性があります．そういう意味で各チームの勝星の間には一定の拘束条件があるので，実現値と期待値との食い違いの大きさは，完全にはχ^2分布にしたがわないはずです．けれども勝星の数と，その拘束条件の性質からみて，χ^2分布とみなしたときの誤差は，きわめて小さいと考えられるので，χ^2検定を適用してきたのでした．

阪神は広島のお客さん

こんどは，セントラル・リーグの戦績を分析してみようと思います．この年度のセ・リーグでは，順位の決め方に新しい趣向を導入しました．各チームの勝率ではなく，勝数の多いほうを上位と決めたのです．そうすると，引合けは順位に対してまったく役に立ちませんから，必

死になって勝星を取りにいき,気合の抜けた引分け試合が減るだろうとの読みだったようです.

こういうルールでリーグ戦が進むと,いろいろなことが起こりました.全天候型の球場をホーム・グラウンドとする巨人が順調に試合を消化して勝数が伸びるのに対して,屋根のない神宮球場を根拠地とするヤクルトは雨にたたられて試合の消化が遅れたため勝数が伸びず,勝数では巨人がトップを独走しながら,勝率ではヤクルトが上廻っていたりしたのです.これには「ゲーム差」という評価に馴れた一般のファンばかりか,競技に参加している監督や選手も戸惑ったようです.このルールは,来期にはどうするのかなあ.

順位	チーム	試合	勝	敗	分け	勝率	率順位
1	ヤクルト	140	76	58	6	0.567	1
2	巨 人	140	75	63	2	0.543	2
3	横 浜	140	69	67	4	0.507	4
4	広 島	140	68	65	7	0.511	3
5	中 日	140	62	74	4	0.456	5
6	阪 神	140	57	80	3	0.416	6

という事情があって,2001年のセ・リーグの成績は上の表のとおりです.パ・リーグの場合と同じように χ^2 の値を計算してみると4.11となり,パ・リーグのときの5.74より小さく,したがって,6チームをひっくるめてみると,有意差があるとはいえないようです.明らかに実力差が認められるようなチームどうしの戦いでは興行的に成立しないでしょうから,当然のことかもしれません.

ところで,この成績表の中で横浜と広島とを較べると,勝数の順位では横浜が上,勝率では広島が上になっているところが気になります.

広島は引分けが多すぎて勝星を稼ぐチャンスが減ったためとも考えられますが，それにしても，横浜と広島はどちらが強いのでしょうか．というわけで，こんどは各チームごとの対戦成績を見ていただきます．それが下の表です．

	ヤ	巨	横	広	中	神
ヤ	✕	12 — 16	17 ② 9	13 ② 13	16 ① 11	18 ① 9
巨	16 — 12	✕	16 — 12	13 ① 14	15 ① 12	15 — 13
横	9 ② 17	12 — 16	✕	18 ① 9	16 — 12	14 ① 13
広	13 ② 13	14 ① 13	9 ① 18	✕	12 ② 14	20 ① 7
中	11 ① 16	12 ① 15	12 — 16	14 ② 12	✕	13 — 15
神	9 ① 18	13 — 15	13 ① 14	7 ① 20	15 — 13	✕

この表の中で，横浜と広島の対戦成績を見ると，28戦中

  横　18 ① 9　広

となっています．これは，横浜が広島に対して，18勝9敗1引分けであったことを意味します．だいぶ差がついていますね．この対戦成績から，横浜は広島に対して強いといえるでしょうか．両者の間に実力差がないという仮説をたてて検定してみましょう．

検定の仕方にはいくつかの方法がありそうですが，二者の勝敗を取り扱うのですから二項分布を使って検定しようと思います．そのためには，「引分け」が目ざわりです．そこで前節のときと同様に，引分けは0.5勝とみなして

  横　18.5 — 9.5　広

のように取り扱うことに同意してください．また，28試合もしているので勝数の二項分布には$_{28}C_r$というような値が多用され，とても数値計算に付き合いきれません．そこで，81〜84ページのテクニック

を借用して，二項分布を正規分布で代用することにします．すなわち，横浜(広島でもいい)の勝数が

$$N(28 \times 1/2, \ 28 \times 1/2(1-1/2))$$
$$= N(14, \ 7)$$

の正規分布，つまり，平均が14で分散が7(標準偏差は$\sqrt{7}$)の正規分布にしたがうと考えるのです．そうすると，18.5勝という結果によって「実力差がない」という仮説を検定しようというなら，正規分布で18.5勝以上の部分の面積が，検定の危険率に相当します．

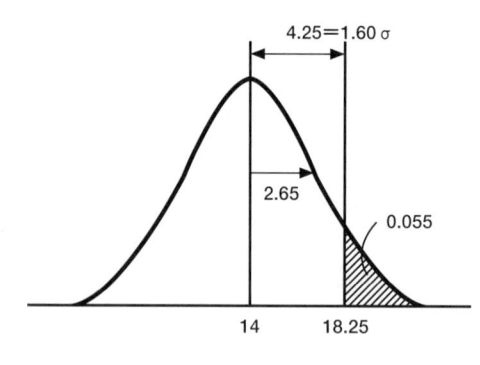

18.5勝以上ということは，18.5勝は含み，18勝は含まないということですから，図のように18.25勝のところを境にすることにします．そうすると，18.25勝と14勝の差は4.25勝で，標準偏差は$\sqrt{7}$ですから，4.25勝は

$$\frac{4.25}{\sqrt{7}} = \frac{4.25}{2.65} = 1.60 \ \sigma$$

に相当します．正規分布の数表から右すその面積を求めると0.055,すなわち5.5％です．

28戦中18.5勝の場合には，「実力に差なし」が誤る危険率は5.5％です．したがって，疑わしきは罰せずとして危険率を5％とする検定の建て前に固執するなら「横浜と広島の実力に差あり」とはいえません．しかし，「差がない」にもかかわらず18.5勝以上もする確率は

13 野球の統計

5.5％しかなく,逆にいえば,94.5％の確率で「差がある」のですから,常識的には「差がある」と考えるほうがよさそうに思われませんか.

では,28戦中なん勝すると,どのくらいの確率で「実力に差あり」と判定できるのでしょうか.前の図と同じ手順で調べてみました.それが右の表です.259ページの対戦成績表の中で,もっとも勝敗の差が大きい組合せは

　　広　20①7　神

すなわち

　　広　20.5 — 7.5　神

なのですが,この組合せでは,「実力差あり」と判定しても0.9％しか誤る確率がありません.広島にとって阪神が

28試合中の勝数(以上)	「差なし」でも起こる確率(危険率)％
21	0.5
20.5	0.9
20	1.5
19.5	2.4
19	3.7
18.5	5.5
18	8
17.5	11
17	15
16.5	20
16	26
15.5	32
15	38
14.5	44
14	50

	ヤ	巨	横	広	中	神
ヤ		×	○		○	○
巨	○		○			
横	×	×		○	○	
広			×			◎
中	×		×			
神	×			✖		

「お客さん」であることは,まちがいないようです.

ほかのチームどうしの対戦成績についても,同様に検定し

　　判定の危険率　5％以下で　　強いは◎,弱いは✖
　　判定の危険率　10％以下で　 強いは○,弱いは×
　　判定の危険率　30％以下で　 強いは ○,弱いは ×

として一覧表にしてみたのが前ページの下の表です．こうしてみると，巨人は「お客さん」もいない代わりに苦手もないチーム，横浜や広島は得手と苦手が比較的はっきりしているチームであることがわかります．中日と阪神は苦手が多くて得手がないのですが，そういうのを弱いチームというのでしょう．

東大はやはり弱い

つぎは，1925年以来の長い歴史を誇る東京六大学野球です．2001年秋季リーグの成績が下の表の「試合数」と「勝数」の欄に示されています．試合数にばらつきがあるのは，このリーグでは対戦相手に2勝したところで勝星が1つ与えられる仕組みになっているからで，これから先の作業では気にする必要はありません．

	試合数	勝数	期待値	その差	その2乗	期待値で割る
慶大	11	9	5.5	3.5	12.25	2.23
法大	13	8.5	6.5	2	4.00	0.62
早大	14	7.5	7	0.5	0.25	0.04
明大	15	8	7.5	0.5	0.25	0.03
立大	14	5	7	-2	4.00	0.57
東大	11	1	5.5	-4.5	20.25	3.68
計	78	39	39			$\chi^2 = 7.17$

各大学の成績を見較べてみると，慶大の11戦9勝から東大の11戦1勝まで大きな開きがあります．きっと，6チームの実力のばらつきを検定してみれば，こんどこそ，はっきりと有意差が認められるにちがいありません．

13 野球の統計

データが少ないと偶然がもぐり込む

ばらつきを検定する作業は，もう，お手のものです．表のような手順ですいすいとすすみ，7.17というχ^2の値が求まります．7.17に相当する危険率は256ページの表などを参照して求めると0.21，すなわち21％にもなります．つまり，6大学の実力に有意差がなくてもこれ以上の成績の食い違いが起こる確率が21％もあるのですから，今シーズンの成績は「有意差なし」としなければなりません．

11戦9勝から11戦1勝までの大きな開きがあるのに，これでも有意差を認めてもらえないのは，なぜでしょうか．それは，試合数が少ないために偶然に左右されやすく，成績にかなりの差があっても，偶然の結果かもしれないとの疑いが捨てきれず，成績の差を実力の差と判定しにくいわけです．

その証拠に，前の表において，試合数と勝数をすべて2倍にしてみ

てください．慶大は22戦18勝，法大は26戦17勝というように2倍にするのです．そうすると，「期待値」も「その差」も2倍になるので，「その2乗」は4倍になります．それを，2倍になった期待値で割った値は元の値の2倍ですから，χ^2の値が2倍になる理屈です．χ^2の値が7.17の2倍，つまり，14.34にもなると256ページの表から概算して，危険率は1.5％程度です．これなら自信をもって「有意差あり」と判定できるではありませんか．

　東大が今回のような成績を2～3シーズンもつづけるようなら，やっぱり定評どおり弱い，といわざるを得ないようです．

14 競馬の統計

188レースのデータ

　白状してしまうと，私は競馬についてはずぶの素人です．なにしろ，馬券を買った経験はたった1回きりですし，この「競馬の統計」を整理するについても，競馬専門紙のデータの読み方がわからなくて，データをそろえてくれた弟に，電話で教えを乞いながら原稿を書いているしまつです．けれども，素人だからこそ余計な先入感を持たずに，すなおにデータを統計処理できるだろうと，勝手な理くつをつけています．

　手元に準備されたデータは，2001年の10月と11月に行なわれた東京競馬・第4回と第5回の記録です．1回につき8日ずつ開催されるので計16日ぶんの記録があり，1日に12レース（最終日は11レース）が行なわれるので191レースのデータがあるのですが，そのうち3レースは落馬や棄権などによって完走馬が8頭にも満たないので除外し，

188レースのデータから競馬の統計を調べてみることにします．自画自賛になりますが，このように，データの出所をちゃんと明瞭にしておくことは，統計の取扱いでは重要なことです．データの出所が明瞭な統計は，良心的で価値の確かな統計です．

競馬の本当の楽しさは，きれいに手入れのゆきとどいた緑のトラックで，均整のとれたつややかな競走馬がダイナミックに演ずるスピードレースそのものと，ほんの少しのか̇け̇のスリルにあるべきだと思います．けれども，競馬場でみたムードでは，そういう優雅なファンはごくまれで，多くは，決定的にか̇け̇の楽しみだけで馬券を買っているように思えました．悲しいことです．

悲しいことですが，競馬の統計を整理してみると，緑のトラックもダイナミックなスピードレースも，統計には少しも香りを残しませんでした．残ったのは，「どの馬券を買うのが得か」だけで，何ともわびしいかぎりです．数字のもつ非情さでしょうか．

さて，「どの馬券を買うのが得か」です．競馬の専門紙には，明日のレースの予想がのっています．◎や△など，いろいろなマークをつけて，明日のレースを予想しているのですが，予想は何種類かの専門紙ごとに少しずつ違うのがふつうです．その予想がよく的中するかどうかで専門紙に対する評価が定まるのでしょうが，専門紙ごとに予想が違うのでは，統計として取り扱うのは困難です．そこで，馬の人気を基準にして，統計を整理してみました．馬券の売上げが最も多かった馬を'1番人気の馬'といい，馬券の売上げが2番目に多かった馬を'2番人気の馬'といいます．競馬場の馬券売場にはトータライザという仕掛けがあって，馬券の売上げの状態を時々刻々に表示していて，馬券のしめ切り前に馬の人気がわかるようになっています．'2番

人気の馬'などと書くのは長すぎて読む方にとってもわずらわしいと思いますので

  1番人気の馬を ①
  2番人気の馬を ②
  3番人気の馬を ③
  （以下同様）

と書くことにします．

　馬券の種類には

〔 単 勝 式 〕 1着の馬を当てる
〔 複 勝 式 〕 指名した馬が3着までにはいれば当り
〔枠番連勝式〕 8つの枠に出走馬が配分されていて，指定した2つの枠が1着と2着を占めれば当り
〔馬番連勝式〕 指名した2頭の馬が1着と2着を占めれば当り
〔 ワ イ ド 〕 指名した2頭の馬が共に3着までにはいれば当り

の5種類がありますが，まずは，簡単な単勝式からいきましょう．

　188レースについて，1着になった馬は，どんな人気の馬で，配当はどれだけであったかを整理すると，次ページの表のようになります．

　つまり，188レースのうち，65回，つまり34.6％は①が1着になり，①が1着になったときの配当の平均は221円であった．したがって，レース1回あたりの配当の平均値（期待値）は

$$221円 \times \frac{65}{188} = 76.5円$$

であるということです．したがって，期待値が大きいほど，もうけやすいということができます．この結果からは，⑧や⑦が有望のようです．

	1着の回数	その%	配当の平均	配当の期待値
①	65	34.6	221円	76.5円
②	31	16.5	362	59.7
③	23	12.2	563	68.7
④	21	11.2	837	93.7
⑤	14	7.5	1,050	87.9
⑥	13	6.9	1,513	104.4
⑦	7	3.7	3,140	116.2
⑧	6	3.2	4,672	149.5
⑨	2	1.1	2,220	24.5
⑩	4	2.1	3,490	73.3
⑪	1	0.5	10,300	51.5
⑫	0	0.0	—	—
⑬	0	0.0	—	—
⑭	1	0.5	10,460	52.8
計	188	100.0		

　なお,配当の平均と期待値は,投資額100円についての値にしてあります.500円券についてなら,この5倍の金額になります.

　一般論としていえば,競馬はもうからないに決まっています.お客が平均して損をしなければ競馬は企業として成立しないからです.しかし,⑧や⑦のように100円以上の期待値を示す馬券が存在するなら,そこに競馬でもうける秘策が潜んでいるかもしれないと,夢がふくらんでくるではありませんか.

8番人気のあぶない誘惑

　前の節で,188回のレースを1着だけに着目して整理しました.たくさんのデータをある目的にしたがって整理する方法は,記述統計学

といわれる分野です．つぎは，このデータから何かを読みとろうとするのですが，そのためには，統計のもう1つの分野'推測統計学'略して推計学の知識が役に立ちます．

　整理した結果を見やすくするために，棒グラフに描いてみます．まず，1着になった回数です．やはり，①が強いのが目につきます．つぎの図は，1着になったときの配当の平均です．①や②が1着になっても，たいした配当は期待できません．⑦より人気のない馬が1着になると，いわゆるあなが出たことになります．配当が投資額の30倍ぐらいになったりしますから，「笑い・ダズ・ノット・ストップ」です．けれども，このようなあなの出る確率は．ほんの少しであることにもご注意ください．

　下の図は，レース1回あたりの配当の平均，つまり，期待値です．これが大きいほうが，もうけやすいはずです．この図からは⑧がいい，という結果ですが，さて，この結果は，統計的に意味があるかどうかが問題です．偶然だけでも，このくらいの結果になることがあるだろうか，それとも，⑧をおすすめする根拠があるだろうか，ということ

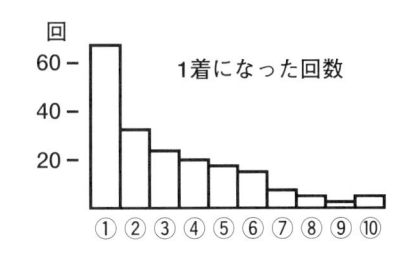

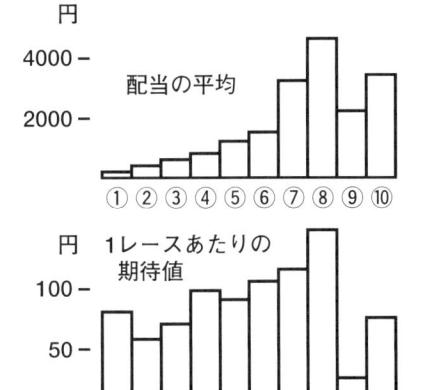

です.

⑧が高い「配当の期待値」を誇っている理由は，前掲の図を見ていただけばわかるように，1着になる回数が多いからではありません．1着になったときの配当の平均値4,672円が大きいからです．データを調べてみると，10月27日の第1レースで1着になり，10,160円という万馬券を生み出していました．⑧としては例を見ないほどの高額配当です．そこで，このデータをなんらかの理由で発生した異常値とみなして削除し，他のデータだけで「配当の期待値」を計算してみたところ，114円となりました．それでも100円を上廻っているのですから，⑧はやはり推奨銘柄のようです．

ただし，⑧が1着になったのは188レースのうち僅かに6回です．ちょっとした偶然によってこの回数が0回に近づけば元も子もありません．そこで，⑧の「配当の期待値」の90％信頼区間を求めてみようと思います．ただし，「配当の平均値」の値は268ページの表のとおりとします．

188レース中⑧が1着になった回数は6回で，その割合は3.2パーセントです．6回という回数は偶然によって変動しうる値ですから，⑧が1着になる回数は

$$n = 188, \quad p = 0.032$$

の二項分布にしたがうものと考えましょう．$n = 188$という二項分布は，そのままでは計算ができないので

$$N(188 \times 0.032, \ 188 \times 0.032 \times 0.968)$$
$$= N(6, \ 2.4^2)$$

の正規分布で代用します．この考え方は，なんどもご紹介しています．そうすると，⑧が1着になる回数の90％信頼区間は

14 競馬の統計

$$6 \pm 1.645 \times 2.4 \fallingdotseq 6 \pm 4$$

となります．1.645は何だろうという方は，95ページの表をごらんください．すなわち，⑧が1着になる回数は，90％の確からしさで188回中，2～10回で生じると考えられます．もし，運わるく2回だったとすると，その場合の配当の期待値は

$$4.672 \times \frac{2}{188} = 50.9 \text{円}$$

ですし，運よく10回なら

$$4.672 \times \frac{10}{188} = 248.5 \text{円}$$

です．つまり，⑧の配当の期待値は，90％の確率で

50.9円～248.5円

の間にあり，50.9円より低い確率が5％，248.5円より高い確率が5％ずつ残されていることになります．

⑧のほかに，1着になる回数が圧倒的に多い①と，堅実そうな④についても，配当の期待値の90％信頼区間を，同じ様な手順で求めて，⑧の場合と並べてみると

① 63.5円～89.3円
④ 62.3円～124.7円
⑧ 50.9円～248.5円

となります．いかがでしょうか．

①は，最も多くの人がその馬の馬券を買うから①になったのですが，①を買うのはつまらないようです．1着になる確率は，確かに高いのですが，それでも期待値が低いということは，1着になっても配当が少ないことを意味しています．だいたいささやかに確実に稼ごう

④ へどうぞ

と思うなら，馬券を買うのはばかげています．そういうつもりで馬券を買えば，ささやかに確実に損をすること，うけあいです．そういう希望の方は，競馬などやめて，地道にアルバイトでもするほうが，明らかに希望にかなっています．

競馬をやるからには，当たる回数が少ないのはがまんをする，しかし，当たったらかなりの賞金をいただきたい，というのが当り前です．比較的じみな方には④をおすすめします．やまっ気のある方は⑧を買ってみたらどうでしょうか．

一括買いのすすめ

こんどは枠番連勝式のほうを調べてみましょう．東京競馬では8枠でレースが行なわれるのがふつうで，1つの枠の中には1〜3頭の馬

14 競馬の統計

が含まれます．したがって，同じ枠の馬が1位と2位を占め，同じ枠の連番が当選ということも起こります．また，3－5と5－3のように順序が入れ替わった連番は同一とみなされますので，枠番連勝式の馬券には，$(8 \times 8)/2 = 32$種類があることになります．この32種類の馬券を，売上げの多かったほうから，①，②，③……と書いて表わすことにしましょう．

さて，188レースについての当りの回数と，配当の期待値を整理してみると右の表のようになりました．単勝では②はダメでしたが，こんどは②の有利さが目につきます．前節と同様な手順で配当の期待値の90％信頼区間を求めてみると，100円の投資に対して

② 76.4円～131.4円

となります．大きな損もない代わりに，たいした儲けもなく，②を買いつづけていけば，競馬

券	当り回数	配当の期待値
①	41回	71円
②	32	104
③	19	82
④	16	83
⑤	7	46
⑥	10	72
⑦	6	47
⑧	8	68
⑨	4	36
⑩	4	48
⑪	3	55
⑫	0	0
⑬	2	35
⑭	6	110
⑮	4	82
⑯	4	150
⑰	6	207
⑱	3	71
⑲	3	104
⑳	2	69
㉑	1	66
㉒	1	43
㉓	1	66
㉔	1	48
㉕	0	0
㉖	1	26
㉗	2	210
㉘	0	0
㉙	0	0
㉚	1	113
計	188	

場への電車賃くらいは出るかな，という感じです．ささやかな賭けとともにダイナミックな競馬を楽しみたい方には，ぴったりの馬券かもしれません．

つづいて，①〜㉚の期待値の傾向をにらむつもりで，棒グラフを描いてみると，下図のようになるのですが，こんな棒グラフを描くのは間違いのもとです．棒グラフの左のほうは，統計的にちゃんとした保証つきなのですが，右にいくにしたがって，その保証はなくなり，㉗などは全く偶然の産物で，統計的にはほとんど意味がないと考えられます．ひとをぺてんにかけるには都合がいいかもしれませんが，こういう棒グラフでぺてんにかからないようにしてください．

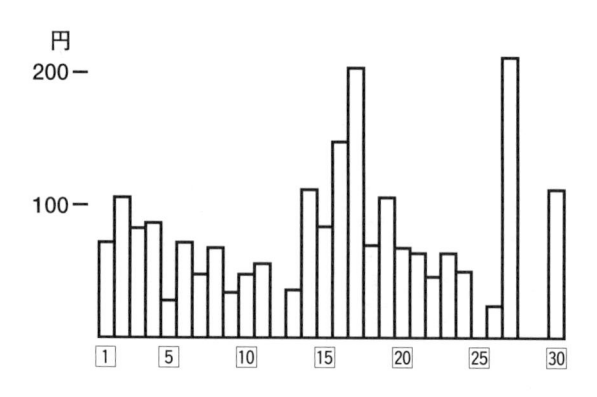

それにしても気になるのは⑭〜⑲のあたりに群立する高い棒グラフです．このあたりの高い期待値は統計的に意味があり，馬券の推奨銘柄といえるのでしょうか．たとえば⑰の期待値は100円の投資に対して207円を示していますから，これが信用できるなら⑰を買いまくれば荒稼ぎも夢ではないと思われますが……．

そうは問屋が卸しません．188回中に占める6回の当り回数などは

14 競馬の統計

名案　一括買い

偶然によって変動し，その90％信頼区間は270ページで求めたように，(6 ± 4) 回です．もし，2回しか当たらないのがほんとうなら期待値は70円弱しかないことになり，このような馬券を買いまくれば破産は必至です．⑯の4回も，⑭の6回も同じように信頼に値するとはいえません．

そこで，奇策を提案します．⑭〜⑲をひと塊りとみなして，この6種の馬券に均等に投資するのです．たとえば，6種の馬券を1枚ずつ買うようにです．273ページの表に見るように，188レース中で⑭〜⑲が当選した回数を合計すると26回もありますし，このくらいの回数があれば，かなり安定して信頼できそうです．ちょっと調べてみましょうか．

6種の馬券のうち，どれかが当たる回数は

$$n = 188, \quad p = 26 \div 188 = 0.138$$

の二項分布をするとみなして，それを

$$N(26,\ 188 \times 0.138 \times 0.862)$$
$$= N(26,\ 4.7^2)$$

の正規分布で代用しましょう.そうすると,当たる回数の90％信頼区間は

$$26 \pm 1.645 \times 4.7 = 26 \pm 7.7$$

　　つまり　18.3回〜33.7回

となります.いっぽう

　　　当たる確率×配当の平均＝配当の期待値

の関係を利用して,⑭〜⑲の「配当の平均」の平均を求めると121円（6種の馬券をこみにするため,ウェイトはつけてありません）となります.したがって,配当の期待値の90％信頼区間は,100円の投資に対して

$$121円 \times 18.3 \div 26 \sim 121円 \times 33.7 \div 26$$

　　すなわち　85円〜157円

もし,⑭〜⑲を1枚ずつ買って600円を投資するなら

　　510円〜942円

ということになります.いかがでしょうか.これなら損をしてもたかがしれているし,結構な稼ぎも期待できて楽しそうではありませんか.

1〜5番人気には片足だけ乗せよう

　枠番連勝式の馬券を買うに当たっては,1着になりそうな馬と2着になりそうな馬を予想するとともに,それらと組み合わされている穴馬の影響や配当の大きさなどを総合して決心するわけですが,基本はやはり1着と2着の予想です.いっぽう,単勝式では1着の馬を当て

るための人気投票のようなものですから，その人気は①，②，③……などによって端的に示されています．そこで，枠番連勝式の馬券を買う場合に，①，②，③……の情報がどのように役立つかを調べてみましょう．

右の表は，188レースについて，人気が上から5番目までの2頭の馬が1位と2位を占めたケースを洗い出したものです．なんと，188レース約2/3にあたる122レースにおいて①～⑤が1位と2位を占めているのです．さすが

1着枠の馬	1着の回数	期待値
①－②	34	62.1円
①－③	21	70.3
①－④	16	69.6
①－⑤	10	59.3
②－③	12	67.0
②－④	9	43.0
②－⑤	4	18.4
③－④	7	59.0
③－⑤	4	15.6
④－⑤	5	55.7
計	122	加重平均 60.0円

に人気馬は強いですね．それなら，①～⑤のどれかを含む2つの枠番を連ねた馬券を買いつづければ，相当な儲けを望めるかというと，そうはいきません．表を見ていただくと，すべてのケースで期待値が100円をかなり下廻っていることからもわかるように，当たる回数は多くても配当が少ないので，じり貧の一途をたどることがほぼ確実です．

人気馬に乗ってもダメなら，枠番連勝式には夢も希望もないかというと，そうではありません．競馬では，馬券の売上げ総額のうち約25％が経費として使われ，残りの75％が配当に廻されると聞いています．つまり，100円の売上げ金のうち75円が配当に廻されるのですから，客の立場でいえば期待値は平均して75円のはずです．したが

って，①〜⑤で1位と2位を占める馬券の期待値が75円をかなり下廻っているなら，それ以外の馬券の期待値は75円をかなり上廻っているはずです．

その期待値を x 円としましょう．そうすると，前ページの表にある122レースの期待値の総額に，残りの66レースの期待値の総額を加えて，188レースに再配分した値が75円になるのですから

$$\frac{122 \times 60 \text{円} + 66x}{188} = 75 \text{円}$$

故に $x \fallingdotseq 102.7$ 円

となって，①〜⑤で1位と2位を占める馬券を排除すれば，枠番連勝式は平均して儲かるということになります．ただし，①〜⑤の5頭は基本的には強いのですから，そのうちの1頭が含まれる枠番を採用して，他の枠は①〜⑤を含まないようにするのが良策のようです．その証拠を見ていただきましょう．

前節で，枠番連勝式なら ⑭〜⑲ の6種がおもしろいと書きました．これらが当選した26レース中の22レースが，①〜⑤以外の馬を ⊗ と書くと

①−⊗ が 3レース
②−⊗ が 5レース
③−⊗ が 4レース 　計22レース
④−⊗ が 7レース
⑤−⊗ が 3レース

という組合せになっているのです．きっと，片方の枠には①〜⑤のどれかを含む枠番を採用し，他方の枠には①〜⑤のどれをも含まない枠連番を採用すると，結果として ⑭〜⑲ くらいになるのでしょう．だ

まされたと思って，このような馬券に賭けてみませんか．

　この節では，むずかしい数学は全く使っていません．それにもかかわらず，もっともらしい推理が書かれているではありませんか．元来，統計の大部分は，むずかしい数学を必要としないものです．データをいろいろな方向から公平に見ること，そして，たくさんのデータから得た結論には重きをおき，少しのデータから帰納した結論は，偶然の結果ではなかったかと疑ってみる，そういう考え方さえ見失わなければ，統計の本質は十分に身につけているということができるのです．

書物は書物の用途を教えない　　── W・ハズリット

統計は統計の用途を教えない　　　　── H・O

クイズの答

〔第2章のクイズの答〕

第1問 同じです．なぜ同じになるかは，自ら計算をしてくださった方はおわかりになったはずです．標準偏差は，数値相互間の差によってきまるので，相互間の差が同じなら，絶対値には関係ないからです．ですから，66，67，68のグループも，－4，－5，－6のグループも，標準偏差は1，2，3のグループと同じです．

第2問 いくらでもできるはずです．たとえば，

1，5，9のグループ と

1，1，8のグループ

とでは，レンジでは前者が大きく，標準偏差では後者が大きくなります．

〔第3章のクイズの答〕

男子従業員の給与の分布と，女子従業員の給与の分布とを，2：1の割合で混ぜ合わせれば，それが会社全員の給与の分布になるはずです．つまり，おのおのの区間で

$$\frac{男子の\% \times 2 + 女子の\%}{3}$$

を計算してやればよいことになります．

区 間	男子の%	その2倍	女子の%	加える	3で割る
10～20万円			30	30	10
20～30	5	10	50	60	20
30～40	15	30	15	45	15
40～50	20	40	5	45	15
50～60	30	60		60	20
60～70	15	30		30	10
70～80	8	16		16	5.3
80～90	5	10		10	3.3
90～100	2	4		4	1.3

計算結果を図示すると次ページのようになります．この場合のように，もとも

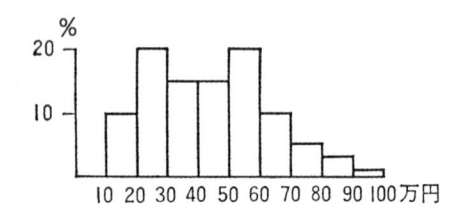

と異なる2種の分布が合成されてできた分布には、山が2つになるものが少なくありません。山が2つあるので双峰分布と呼ばれています。

[第4章のクイズの答]

人間の能力が正規分布にしたがうものと考えて、図のように

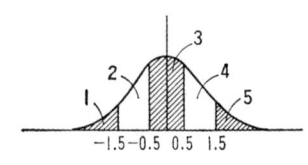

1.5σ 以上の範囲を	5	(6.68%)
$0.5\sigma \sim 1.5\sigma$ の範囲を	4	(24.17%)
$-0.5\sigma \sim 0.5\sigma$ の範囲を	3	(38.30%)
$-1.5\sigma \sim -0.5\sigma$ の範囲を	2	(24.17%)
-1.5σ 以下の範囲を	1	(6.68%)

として、5段階に割り振ったものと考えられます。

[第5章のクイズの答]

n 人の生徒に協力してもらったとします。n 人の体重の平均値は、$5/\sqrt{n}$ kg の標準偏差をもっているはずです。95%信頼区間は、

　　　平均値 $\pm 1.96 \times$ 標準偏差

ですから、区間の幅は

　　　$1.96 \times$ 標準偏差 $\times 2$

　　　$= 1.96 \times \dfrac{5}{\sqrt{n}} \times 2$

だけあります。この幅を 3 kg にしたいのですから

$$1.96 \times \frac{5}{\sqrt{n}} \times 2 = 3$$

とおいて、n を計算すると

　　　$n = 43$

となります。43人の女生徒に、下着だけになってもらわなければなりません。

クイズの答

〔第6章のクイズの答〕

あらかじめきめることはできません．μ の信頼区間は

$$\mu = \bar{x} \pm t \frac{s}{\sqrt{n-1}}$$

の形で表わされるので，信頼区間の幅は

$$2t\frac{s}{\sqrt{n-1}}$$

です．信頼水準を固定して考えれば，n の値につれて t の値も自動的にきまりますから

$$\frac{2t}{\sqrt{n-1}}$$

は，n だけできまります．しかし，もう1つの未知数 s については，何の手がかりもありませんから，n をきめても信頼区間の幅は，ぜんぜんきまらないからです．

〔第7章のクイズの答〕

まず，勝ち負けだけに注目してみましょう．北海道高校が5戦4勝です．実力に差がなくても偶然だけで5戦4勝以上の成績を上げる確率が18.7％もあります（138ページ）．これは小さな確率ではありません．したがって，実力に差がないという仮説を捨てることはできません．つまり，北海道高校のほうが強い，とは判定できないというのが結論です．

5戦4勝ではありますが，勝ったときには大勝で，負けた1回は惜敗です．それも考慮に入れてみましょう．得点の差は

　　　3，3，-1，5，10

です．この値が，0を平均とした正規母集団からとり出したものではない，と判定されれば，北海道高校のほうが強いということができます．「右ききは右手が大きいか」を検定したときと同じ考えです．計算してみるとつぎのとおりです．

$\bar{x} = 4$

$s = 3.58$

$t = \dfrac{4-0}{\dfrac{3.58}{\sqrt{5-1}}} = 2.23$

t 分布表で,両すその面積が5%,ϕ が4のところを見ると,t は2.776となっています.すなわち,実力が同じでも,偶然だけでこのようにスコアが開く確率は5%よりも多いのです.判決は,実力差があるとはいえない,となりました.

付　　　　表

付表1　正規分布表

0から Z（標準偏差を単位として）までに含まれる正規分布の面積 $I(Z)$

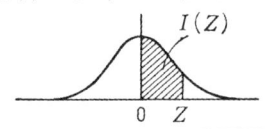

Z	0.00	0.01	0.02	0.03	0.04	0.05	0.06	0.07	0.08	0.09
+0.0	0.0000	0.0040	0.0080	0.0120	0.0160	0.0199	0.0239	0.0279	0.0319	0.0359
+0.1	0.0398	0.0438	0.0478	0.0517	0.0557	0.0596	0.0636	0.0675	0.0714	0.0753
+0.2	0.0793	0.0832	0.0871	0.0910	0.0948	0.0987	0.1026	0.1064	0.1103	0.1141
+0.3	0.1179	0.1217	0.1255	0.1293	0.1331	0.1368	0.1406	0.1443	0.1480	0.1517
+0.4	0.1554	0.1591	0.1628	0.1664	0.1700	0.1736	0.1772	0.1808	0.1844	0.1879
+0.5	0.1915	0.1950	0.1985	0.2019	0.2054	0.2088	0.2123	0.2157	0.2190	0.2224
+0.6	0.2257	0.2291	0.2324	0.2357	0.2389	0.2422	0.2454	0.2486	0.2517	0.2549
+0.7	0.2580	0.2611	0.2642	0.2673	0.2704	0.2734	0.2764	0.2794	0.2823	0.2852
+0.8	0.2881	0.2910	0.2939	0.2967	0.2995	0.3023	0.3051	0.3079	0.3106	0.3133
+0.9	0.3159	0.3186	0.3212	0.3238	0.3264	0.3289	0.3315	0.3340	0.3365	0.3389
+1.0	0.3413	0.3438	0.3461	0.3485	0.3508	0.3531	0.3554	0.3577	0.3599	0.3621
+1.1	0.3643	0.3665	0.3686	0.3708	0.3729	0.3749	0.3770	0.3790	0.3810	0.3830
+1.2	0.3849	0.3869	0.3888	0.3907	0.3925	0.3944	0.3962	0.3980	0.3997	0.4015
+1.3	0.4032	0.4049	0.4066	0.4082	0.4099	0.4115	0.4131	0.4147	0.4162	0.4177
+1.4	0.4192	0.4207	0.4222	0.4236	0.4251	0.4265	0.4279	0.4292	0.4306	0.4319
+1.5	0.4332	0.4345	0.4357	0.4370	0.4382	0.4394	0.4406	0.4418	0.4429	0.4441
+1.6	0.4452	0.4463	0.4474	0.4484	0.4495	0.4505	0.4515	0.4525	0.4535	0.4545
+1.7	0.4554	0.4564	0.4573	0.4582	0.4591	0.4599	0.4608	0.4616	0.4625	0.4633
+1.8	0.4641	0.4649	0.4656	0.4664	0.4671	0.4678	0.4686	0.4693	0.4699	0.4706
+1.9	0.4713	0.4719	0.4726	0.4732	0.4738	0.4744	0.4750	0.4756	0.4761	0.4767
+2.0	0.4773	0.4778	0.4783	0.4788	0.4793	0.4798	0.4803	0.4808	0.4812	0.4817
+2.1	0.4821	0.4826	0.4830	0.4834	0.4838	0.4842	0.4846	0.4850	0.4854	0.4857
+2.2	0.4861	0.4864	0.4868	0.4871	0.4875	0.4878	0.4881	0.4884	0.4887	0.4890
+2.3	0.4893	0.4896	0.4898	0.4901	0.4904	0.4906	0.4909	0.4911	0.4913	0.4916
+2.4	0.4918	0.4920	0.4922	0.4925	0.4927	0.4929	0.4931	0.4932	0.4934	0.4936
+2.5	0.4938	0.4940	0.4941	0.4943	0.4945	0.4946	0.4948	0.4949	0.4951	0.4952
+2.6	0.4953	0.4955	0.4956	0.4957	0.4959	0.4960	0.4961	0.4962	0.4963	0.4964
+2.7	0.4965	0.4966	0.4967	0.4968	0.4969	0.4970	0.4971	0.4972	0.4973	0.4974
+2.8	0.4974	0.4975	0.4976	0.4977	0.4977	0.4978	0.4979	0.4979	0.4980	0.4981
+2.9	0.4981	0.4982	0.4983	0.4983	0.4984	0.4984	0.4985	0.4985	0.4986	0.4986
+3.0	0.49865	0.49869	0.49874	0.49878	0.49882	0.49886	0.49889	0.49893	0.49896	0.49900

付表2 t 分布表

両すその面積が P になるような t の値

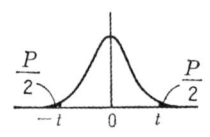

P \ ϕ	0.50	0.40	0.30	0.20	0.10	0.05	0.02	0.01	0.001	P \ ϕ
1	1.000	1.376	1.963	3.078	6.314	12.706	31.821	63.657	636.619	1
2	0.816	1.061	1.386	1.886	2.920	4.303	6.965	9.925	31.598	2
3	0.756	0.978	1.250	1.638	2.353	3.182	4.541	5.841	12.941	3
4	0.741	0.941	1.190	1.533	2.132	2.776	3.747	4.604	8.610	4
5	0.727	0.920	1.156	1.476	2.015	2.571	3.365	4.032	6.859	5
6	0.718	0.906	1.134	1.440	1.943	2.447	3.143	3.707	5.959	6
7	0.711	0.896	1.119	1.415	1.895	2.365	2.998	3.499	5.405	7
8	0.706	0.889	1.108	1.397	1.860	2.306	2.896	3.355	5.041	8
9	0.703	0.883	1.100	1.383	1.833	2.262	2.821	3.250	4.781	9
10	0.700	0.879	1.093	1.372	1.812	2.228	2.764	3.169	4.587	10
11	0.697	0.876	1.088	1.363	1.796	2.201	2.718	3.106	4.437	11
12	0.695	0.873	1.083	1.356	1.782	2.179	2.681	3.055	4.318	12
13	0.694	0.870	1.079	1.350	1.771	2.160	2.650	3.012	4.221	13
14	0.692	0.868	1.076	1.345	1.761	2.145	2.624	2.977	4.140	14
15	0.691	0.866	1.074	1.341	1.753	2.131	2.602	2.947	4.073	15
16	0.690	0.865	1.071	1.337	1.746	2.120	2.583	2.921	4.015	16
17	0.689	0.863	1.069	1.333	1.740	2.110	2.567	2.898	3.965	17
18	0.688	0.862	1.067	1.330	1.734	2.101	2.552	2.878	3.922	18
19	0.688	0.861	1.066	1.328	1.729	2.093	2.539	2.861	3.883	19
20	0.687	0.860	1.064	1.325	1.725	2.086	2.528	2.845	3.850	20
21	0.686	0.859	1.063	1.323	1.721	2.080	2.518	2.831	3.819	21
22	0.686	0.858	1.061	1.321	1.717	2.074	2.508	2.819	3.792	22
23	0.685	0.858	1.060	1.319	1.714	2.069	2.500	2.807	3.767	23
24	0.685	0.857	1.059	1.318	1.711	2.064	2.492	2.797	3.745	24
25	0.684	0.856	1.058	1.316	1.708	2.060	2.485	2.787	3.725	25
26	0.684	0.856	1.058	1.315	1.706	2.056	2.479	2.779	3.707	26
27	0.684	0.855	1.057	1.314	1.703	2.052	2.473	2.771	3.690	27
28	0.683	0.855	1.056	1.313	1.701	2.048	2.467	2.763	3.674	28
29	0.683	0.854	1.055	1.311	1.699	2.045	2.462	2.756	3.659	29
30	0.683	0.854	1.055	1.310	1.697	2.042	2.457	2.750	3.646	30
40	0.681	0.851	1.050	1.303	1.684	2.021	2.423	2.704	3.551	40
60	0.679	0.848	1.046	1.296	1.671	2.000	2.390	2.660	3.460	60
120	0.677	0.845	1.041	1.289	1.658	1.980	2.358	2.617	3.373	120
∞	0.674	0.842	1.036	1.282	1.645	1.960	2.326	2.576	3.291	∞

付表 3 χ^2 分布表

右すその面積が P になるような χ^2 の値

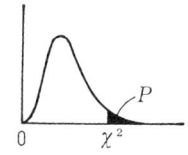

P \ ϕ	0.90	0.75	0.50	0.25	0.10	0.05	0.025	0.01	0.005	P \ ϕ
1	0.0158	0.102	0.455	1.323	2.71	3.84	5.02	6.63	7.88	1
2	0.211	0.575	1.386	2.77	4.61	5.99	7.38	9.21	10.60	2
3	0.584	1.213	2.37	4.11	6.25	7.81	9.35	11.34	12.84	3
4	1.064	1.923	3.36	5.39	7.78	9.49	11.14	13.28	14.86	4
5	1.610	2.67	4.35	6.63	9.24	11.07	12.83	15.09	16.75	5
6	2.20	3.45	5.35	7.84	10.64	12.59	14.45	16.81	18.55	6
7	2.83	4.25	6.35	9.04	12.02	14.07	16.01	18.48	20.3	7
8	3.49	5.07	7.34	10.22	13.36	15.51	17.53	20.1	22.0	8
9	4.17	5.90	8.34	11.39	14.68	16.92	19.02	21.7	23.6	9
10	4.87	6.74	9.34	12.55	15.99	18.31	20.5	23.2	25.2	10
11	5.58	7.58	10.34	13.70	17.28	19.68	21.9	24.7	26.8	11
12	6.30	8.44	11.34	14.85	18.55	21.0	23.3	26.2	28.3	12
13	7.04	9.30	12.34	15.98	19.81	22.4	24.7	27.7	29.8	13
14	7.79	10.17	13.34	17.12	21.1	23.7	26.1	29.1	31.3	14
15	8.55	11.04	14.34	18.25	22.3	25.0	27.5	30.6	32.8	15
16	9.31	11.91	15.34	19.37	23.5	26.3	28.8	32.0	34.3	16
17	10.09	12.79	16.34	20.5	24.8	27.6	30.2	33.4	35.7	17
18	10.86	13.68	17.34	21.6	26.0	28.9	31.5	34.8	37.2	18
19	11.65	14.56	18.34	22.7	27.2	30.1	32.9	36.2	38.6	19
20	12.44	15.45	19.34	23.8	28.4	31.4	34.2	37.6	40.0	20
21	13.24	16.34	20.3	24.9	29.6	32.7	35.5	38.9	41.4	21
22	14.04	17.24	21.3	26.0	30.8	33.9	36.8	40.3	42.8	22
23	14.85	18.14	22.3	27.1	32.0	35.2	38.1	41.6	44.2	23
24	15.66	19.04	23.3	28.2	33.2	36.4	39.4	43.0	45.6	24
25	16.47	19.94	24.3	29.3	34.4	37.7	40.6	44.3	46.9	25
26	17.29	20.8	25.3	30.4	35.6	38.9	41.9	45.6	48.3	26
27	18.11	21.7	26.3	31.5	36.7	40.1	43.2	47.0	49.6	27
28	18.94	22.7	27.3	32.6	37.9	41.3	44.5	48.3	51.0	28
29	19.77	23.6	28.3	33.7	39.1	42.6	45.7	49.6	52.3	29
30	20.6	24.5	29.3	34.8	40.3	43.8	47.0	50.9	53.7	30
40	29.1	33.7	39.3	45.6	51.8	55.8	59.3	63.7	66.8	40
50	37.7	42.9	49.3	56.3	63.2	67.5	71.4	76.2	79.5	50
60	46.5	52.3	59.3	67.0	74.4	79.1	83.3	88.4	92.0	60
70	55.3	61.7	69.3	77.6	85.5	90.5	95.0	100.4	104.2	70
80	64.3	71.1	79.3	88.1	96.6	101.9	106.6	112.3	116.3	80
90	73.3	80.6	89.3	98.6	107.6	113.1	118.1	124.1	128.3	90
100	82.4	90.1	99.3	109.1	118.5	124.3	129.6	135.8	140.2	100

付　　　　　録

● 標準偏差はnで割るのか$n-1$で割るのか

　『統計のはなし』が出版されてから数年が経ち，版を重ねるにつれて多くの読者の方からたくさんのお便りが出版社あてや著者あてに届きました．お誉めのお便りもありましたし，貴重なご意見をいただいたこともありました．ほんとうにありがたいことだと心から感謝しています．

　ところで，いただいたご質問の中でもっとも多かったのが標準偏差の計算法についてのものです．『統計のはなし』では標準偏差を

$$\sqrt{\frac{\sum(x_i-\overline{x})^2}{n}}$$

としているが，ほかの参考書やテキストでは

$$\sqrt{\frac{\sum(x_i-\overline{x})^2}{n-1}}$$

となっている，どうしてちがうのか，どちらが正しいのか，というご質問です．そこで，このへんの事情についてご説明をしようと思います．

　標準偏差は，26ページから数ページにわたってお話ししたように，バラツキの大きさを決める約束のひとつですから，どちらの式で約束をしてもかまわないのですが，しかし，相反するいくつかの約束が入り乱れているのは困ります．この本では，29ページ以降の思考過程に従って

$$母標準偏差 \quad \sigma = \sqrt{\frac{\sum(x_i-\overline{x})^2}{n}}$$

$$標本標準偏差 \quad s = \sqrt{\frac{\sum(x_i-\overline{x})^2}{n}} \qquad (106ページ参照)$$

とし，さらに，n個の標本から求めた母分散の不偏推定値は

$$\frac{n}{n-1}s^2 = \frac{\sum(x_i-\overline{x})^2}{n-1} \qquad (110ページ参照)$$

としてきました．この考え方の特徴は，第1に，29ページからの説明でもわかっていただけるように，なんでこういう式でばらつきの大きさを約束するのかとい

う理由がわかりやすいこと，第2に，数学の他の分野や物理学で使われるモーメントの概念ときちんと合致していて理論的なことですが，欠点としては，標本から求めた標準偏差が母集団の標準偏差より小さくなる傾向があるため，不偏推定値というむつかしい言葉を覚えたり，母標準偏差を推定するには $n/(n-1)$ だけ修正するめんどうが必要になることです．

これに対して，統計の実用面に重きをおいた参考書やテキストでは，データを処理して母集団の様相を知ることが目的ですから，標本標準偏差をはじめから

$$s = \sqrt{\frac{\sum(x_i-\overline{x})^2}{n-1}}$$
(111ページの式と同じ)

で計算してやり，この値を母集団の標準偏差とみなしてしまいます．こうすると，たしかに n で割った式で求めた標本標準偏差を母標準偏差とみなすよりは誤差が小さくなります．けれども完全ではないことは111ページの説明のとおりです．このように，

母標準偏差 $\quad \sigma = \sqrt{\dfrac{\sum(x_i-\overline{x})^2}{n}}$

標本標準偏差 $\quad s = \sqrt{\dfrac{\sum(x_i-\overline{x})^2}{n-1}}$

とするやり方は，データの統計処理の実用面に重きをおいた便宜的な約束だということを理解しておく必要があります．そして，もしも，母標準偏差まで $n-1$ で割っているテキストがあるとしたら，これはちょっと問題です．そんな約束は世の中で通用しないのではないでしょうか．

蛇足になりますが，標本標準偏差を n で割って求めるやり方と $n-1$ で割るやり方の両方について，データが1個しかない場合を考えてみるのも一興です．前者は，$\sqrt{\quad}$ の中がゼロになり，データが1個ならバラツキはゼロであることを意味します．後者は，$\sqrt{\quad}$ の中がゼロ分のゼロになり，データが1個のときはバラツキの大きさなど考えるのは無意味だということになります．どちらのほうがナットクしやすいでしょうか．

著者紹介

大村　平（工学博士）

1930年　秋田県に生まれる
1953年　東京工業大学機械工学科卒業
　　　　空幕技術部長，航空実験団司令，
　　　　西部航空方面隊司令官，航空幕僚長を歴任
1987年　退官．その後，防衛庁技術研究本部技術顧問，
　　　　お茶の水女子大学非常勤講師，日本電気株式会社顧問
　　　　などを歴任
現　在　(社)日本航空宇宙工業会顧問など

統計のはなし ── 基礎・応用・娯楽 ── 【改訂版】

1969年4月1日　　第1刷発行
2000年9月5日　　第68刷発行
2002年5月25日　改訂版第1刷発行
2022年4月8日　　改訂版第22刷発行

著　者　大　村　　　平
発行人　戸　羽　節　文

検印省略

発行所　株式会社　日科技連出版社
〒151-0051　東京都渋谷区千駄ヶ谷5-15-5
DSビル
電話　出版　03-5379-1244
　　　営業　03-5379-1238

Printed in Japan　　　印刷・製本　壮光舎印刷

© *Michiko Ohmura* 1969, 2002
ISBN978-4-8171-8010-0
URL　http://www.juse-p.co.jp/

大村 平の
ほんとうにわかる数学の本

■もっとわかりやすく,手軽に読める本が欲しい! この要望に応えるのが本シリーズの使命です.

好評重版!
確 率 の は な し(改訂版)
統 計 の は な し(改訂版)
微積分のはなし(上)(改訂版)
微積分のはなし(下)(改訂版)
関 数 の は な し(上)(改訂版)
関 数 の は な し(下)(改訂版)
方程式のはなし(改訂版)
行列とベクトルのはなし(改訂版)
統計解析のはなし(改訂版)
論理と集合のはなし(改訂版)
数 の は な し(改訂版)
数学公式のはなし(改訂版)
幾 何 の は な し(改訂版)
図 形 の は な し
美しい数学のはなし(上)
美しい数学のはなし(下)
数理パズルのはなし

———— 日 科 技 連 ————

大村 平の
ベスト アンド ロングセラー

■ビジネスマンや学生の教養書として広く読まれています．

好評重版！
- 評価と数量化のはなし（改訂版）
- 実験計画と分散分析のはなし（改訂版）
- 多変量解析のはなし（改訂版）
- 信頼性工学のはなし（改訂版）
- ＯＲのはなし（改訂版）
- ＱＣ数学のはなし（改訂版）
- 人工知能（AI）のはなし（改訂版）
- 予測のはなし（改訂版）
- 情報数学のはなし（改訂版）
- シミュレーションのはなし（改訂版）
- システムのはなし（改訂版）
- ゲーム戦略のはなし
- 情報のはなし
- ビジネス数学のはなし（上）
- ビジネス数学のはなし（下）
- 実験と評価のはなし

―― 日科技連 ――

ビジネスマン・学生の教養書

数学のはなし	岩田倫典
数学のはなし（Ⅱ）	岩田倫典
ディジタルのはなし	岩田倫典
微分方程式のはなし	鷹尾洋保
複素数のはなし	鷹尾洋保
数値計算のはなし	鷹尾洋保
力と数学のはなし	鷹尾洋保
数列と級数のはなし	鷹尾洋保
品質管理のはなし（改）	米山高範
決定のはなし	斎藤嘉博
ＰＥＲＴのはなし	柳沢　滋
在庫管理のはなし	柳沢　滋
数学ロマン紀行	仲田紀夫
数学ロマン紀行2 ――論理3000年の道程――	仲田紀夫
数学ロマン紀行3 ――計算法5000年の往来――	仲田紀夫
「社会数学」400年の波乱万丈！	仲田紀夫

――日科技連――